Gin

STRONG SPIRITS

Gin

STRONG SPIRITS

金酒

[英] 戴夫·布鲁姆 著

杨凯文 译

华中科技大学出版社
http://www.hustp.com

有书至美
BOOK & BEAUTY

中国·武汉

图书在版编目（CIP）数据

金酒 / (英) 戴夫·布鲁姆 (Dave Broom) 著；杨
凯文译. -- 武汉：华中科技大学出版社, 2021.9
（浓情烈酒）
ISBN 978-7-5680-7273-1

Ⅰ. ①金… Ⅱ. ①戴… ②杨… Ⅲ. ①外国白酒 - 介
绍 Ⅳ. ①TS262.3

中国版本图书馆CIP数据核字(2021)第130250号

简体中文版由Mitchell Beazley, an imprint of Octopus Publishing Group
Ltd., 授权华中科技大学出版社有限责任公司在中华人民共和国境内（但不
含香港特别行政区、澳门特别行政区和台湾地区）出版、发行。

湖北省版权局著作权合同登记 图字：17-2020-259

金酒
Jin Jiu

[英] 戴夫·布鲁姆 著

杨凯文 译

出版发行： 华中科技大学出版社（中国·武汉）
电话：(027) 81321913
北京有书至美文化传媒有限公司
电话：(010) 67326910-6023
出 版 人： 阮海洪

责任编辑： 莽 昱 韩东芳
责任监印： 赵 月 郑红红
内文排版： 北京博逸文化传播有限公司
封面设计： 张旭兴
制 作： 北京博逸文化传播有限公司
印 刷： 北京汇瑞嘉合文化发展有限公司
开 本： 720mm × 1020mm 1/16
印 张： 14
字 数： 110千字
版 次： 2021年9月第1版第1次印刷
定 价： 128.00元

华中出版

本书若有印装质量问题，请向出版社营销中心调换
全国免费服务热线：400-6679-118 竭诚为您服务
版权所有 侵权必究

目录

简介

我父亲喝威士忌，而我母亲喝金酒。听起来是不是有点像乡村音乐的味道？我这么说是有一些事实依据的——父亲确实喝威士忌。母亲倒不怎么喝酒，要喝也就是偶尔在晚餐前来一点雪莉酒。不过有一次，她悄悄告诉我："我最喜欢的饮品是金汤力，不过，你也知道……"后半句的意思不言自明，因为过去的女性基本不喝金酒。金酒的味道或许很美妙，但还是罕有女性问津。

无巧不成书，金酒在一定程度上成了我父母婚姻的催化剂。母亲第一次去酒吧就是为了第一次约会，他们去了一家位于格拉斯哥东区的酒吧。当父亲问她想喝什么时，她慌慌张张地说，"那就来杯金和义吧。"母亲大概是在电影里听说过这种饮品，但此前从来没有真正尝试过。金和义可以算是英国版的马丁内斯鸡尾酒，这一点一直让我颇为自豪。没过多久，他们就走进了婚姻殿堂。母亲和金酒的这段渊源也让我们从中窥见18世纪的伦敦因金酒泛滥而混乱的情景；此外，还夹杂着苏格兰长老会对这种酒的反对（他们的反对是很可怕的），以及二三十年代奢靡浮华的气息，一如电影《光彩年华》（*Bright Young Things*）里描绘的场景。金酒有着鲜明的特征：强烈、不加雕饰。因此，来自各方的抨击与诋毁也成了金酒文化的一部分。

　　我爱上金酒是很久以后的事了。在苏格兰，男人都喝威士忌。金酒被看作是一种更加"英式"的饮料，是为势利而傲慢的高尔夫俱乐部、有着一定社会地位的人准备的，象征着阶级地位和生活态度。当然，这都是在金酒普遍衰落时期才有的看法。

　　几年后，我喝到了人生中第一杯马提尼。那是戴斯蒙德·佩恩（Desmond Payne）在必富达酒厂为我调制的，当时的必富达酒厂还是一个门可罗雀的冷僻之所，似乎只有充满激情的人才能待得下去。然而，站在硕大的蒸馏器面前，我还是被震撼到了，一边吸着植物的气息，一边嗅着新酿金酒的芳香。小酌一口后，我禁不住感叹道："之前你都藏哪去了？"

　　彼时的金酒行业仍然处于低迷状态。酿酒师四处碰壁，不得不降低酒精浓度、调整风味。后来，随着孟买蓝宝石金酒的问世，人们对这种饮品再度产生了兴趣。当时又恰逢伦敦鸡尾酒复兴，让我们这个年龄的人可以再次喝到经典的金酒；苏格兰荒原上的一小群酒友因此兴奋地高喊："我们爱金酒！"

　　之后我意识到，苏格兰威士忌行业里每一个值得交往的人，都是从金酒开始喝起的。很快，我就成为一个坚定的金酒爱好者：其丰富的口感、悠久的历史，还有长期以来低人一等的地位，都让我着迷不已。尼格罗尼也加入到了本书的推荐品种之中，纵使一些酒吧觉得这只是一款意大利啤酒而已。

　　接下来的日子里，似乎每天都能听到新款金酒品牌问世的消息。开始时还是悄无声息的——比如普利茅斯金酒的复兴、希普史密斯品牌和植物学家金酒的出现——但很快金酒行业就发展起来了。每个国家、甚至是每个小城小镇似乎都在制造金酒……接下来甚至可能在大街小巷都能看到金酒厂。新的植物原料也得到了应用，金酒与酒厂附近植物之间的联系更加紧密。

　　所以本书再版了。与第一版相比，加入了来自更多国家和地区的82款金酒供您选择。最重要的是，荷式金酒这一品类也开始蒸蒸日上——我个人最喜欢的金酒品类、能够最好地反映各个国家和地区的区域特色。就风味而言，我个人更喜欢杜松气更加鲜明的金酒，毕竟杜松才是这种酒的灵魂所在。因此，本书中没有收录调味金酒，而是加入了更多的荷式金酒。尽情欢呼吧，你们喜欢的金酒又回来啦！

金酒的历史

　　金酒的故事，是一个关于堕落与享乐、贫贱与富贵、创意与恣纵、中世纪神秘主义者与科学家的故事。金酒享誉世界，它的故事与医药、炼金术、政治密不可分；在民族认同的起源、诞生、帝国主义与香料贸易的开端、战争与疾病的爆发、禁酒令的颁布等一系列历史节点上，都能看到金酒的身影。嗅觉敏锐的美国白人新教徒商人凭借这种酒一跃登上历史舞台，浮华的《光彩年华》也因它而作。娴熟的酿酒师创造出了金酒，调酒师的演绎又赋予了这种酒更加独特的风味。杰出的作家和音乐家也争相传颂它的美名。在鼎盛之时，金酒一度饱受诟病，被视为社会的毒瘤；如今却又摇身一变，化身为中产阶级的尊贵象征。

　　金酒经久不衰；这是一种深刻复杂的烈性蒸馏酒，相信终有一日，人们能够欣赏到它的美。听金酒的故事就像是坐在一位退伍老兵的旁边，一边听他讲述各种奇异的冒险经历，一边又好奇他是如何虎口脱险、幸存下来的。金酒不仅活了下来，还进一步发展壮大了起来。眼下正是金酒历史上的第二个黄金时代。然而，这个黄金时代的起源，却是一个漫长的故事。所以少安毋躁，我们从头说起……

欧洲刺柏，又名杜松，可用于治疗多种疾病，其药用历史可上溯至千年之前。

神奇的浆果

冰川被长达数千年侵蚀和冲刷后，一种小型的针叶树破土而出，与石楠、青草、苔藓和地衣一起四处生长，让大地呈现出一幅新的图景。冰川消退后，杜松连同它黑色浆果状的松球一起，成了最早一批重回地表的植物。它的花粉安然栖息在泥煤堆中，直到几千年后才被人发现。

古代疗法

在人类文明的早期，人类利用身边的一切来治疗伤病。其中，一种植物的浆果因其特殊的疗效而备受关注，这种植物日后被命名为欧洲刺柏。古埃及人在《埃伯斯纸莎草书》（*Ebers Papyrus*，约公元前1550年所作，是现存最古老的医学文献之一）中，记录了杜松治愈黄疸的案例。对古希腊人来说，杜松是一种强身健体的补剂，也可以治疗腹痛。被后世尊为"医学之父"的希腊医生迪奥斯科里德（Dioscorides，约公元40—90年）曾翔实地记述过杜松果的功效：杜松果置于葡萄酒中浸泡后，可用于治疗多种胸部疾病，亦可作为堕胎药使用。这些酒渍的杜松果在作为药物服用之前是否经过蒸馏？答案不甚明了，但有这个可能，因为在随后的500年间，各大医典和草药典中都陆续记载了迪奥斯科里德的"双缸蒸馏法"（"pot-on-pot"）。老普林尼（Pliny the Elder）对杜松也评价颇高，在其所著《自然史》（*Naturalis Historia*，公元77—79年）中多次提及这种植物、总数达22次之多。他写道：

"杜松，可祛除肠胃胀气、驱寒、止咳、缓解头部疼痛；在红酒中浸泡后的果实经食用可以收缩肠道。杜松有利尿作用，可以在白葡萄酒中加入4颗浆果后服用，或者将20颗浆果倒入酒中，熬制成汤剂服用。"

中世纪的灵丹妙药

时间来到了13世纪，炼金术士和药剂师们齐聚布鲁日等城市，展开各种炼金实验。所用的原料五花八门，杜松果也位列其中。1266年至1269年间，在距离布鲁日7千米外的达姆附近，雅各布·范玛尔兰（Jacob van Maerlant）写出了13卷的诗歌体百科全书《本质之花》（*Der Naturen Bloeme*），翻译自布鲁塞尔出生的神父托马斯·康登皮（Thomas of Cantimpré）撰写的20卷的拉丁语著作《自然历史之书》（*Liber de Natura Rerum*）。在第8章中，范玛尔兰写道："葡萄酒煮过'杜松'果实可以缓解痉挛，雨水煮过的果实可以缓解胃痛。"他还记述了一种将杜松木材蒸馏成精油的方法，将蒸馏好的杜松香与果实一同注入面具中。这一方法在抗击黑死病（1346—1353年）时发挥了作用。

1500年，德国外科医生杰罗姆·布朗施维克（Hieronymus Brunschwig）撰写的蒸馏技术论文《草本植物蒸馏大全》（*The Vertuose Boke of Distyllacyon of the waters of all maner of herbes*）里也收录了一个"根伊夫（genyver）浆果水"的配方：

> "早晚九点各服一次，利尿排毒、有益于缓解
> 下肢肿痛和排出膀胱结石。"

在这一时代，草药的运用达到顶峰，有关植物及其功效的百科全书层出不穷，其中绝大多数作品都提到了杜松。瑞士博物学家康拉德·格斯纳（Konrad Gesner）在其1559年所著的草药典《卫矛属植物宝库》（*The Treasure of Euonymus*）中，详细举例说明了杜松果实的蒸馏法。书中还包含一个复杂的配方，用于调配"比金银更珍贵的水"，杜松是23种基本原料之一。另一种号称能"返老还童"的配方更夸张，共使用了44种原料，这些原料对于金酒爱好者来说可能并不陌生：天堂椒、鼠尾草、茴香籽、肉豆蔻、胡椒、杨梅、新鲜香草、尾胡椒、豆蔻以及杏仁等。3年后，威廉·透纳（William Turner）出版了《新草药志》（*A New Herball*），这是历史上第一部研究英国植物的专著，其中也有杜松的记载。据他所言，杜松"在肯特郡、在达勒姆和诺森伯兰的主教辖区大量生长"，杜松可用作利尿剂，也能驱赶毒蛇。1640年，约翰·帕金森（John Parkinson）撰写了《植物学居院》（*Theatrum Botanicum*），这本书堪称草药时代的最后一部鸿篇巨制。书中提到"杜松的优点难以尽数"，并详细列举了杜松的功效：小到抑制鼻血、大可抵御瘟疫，对缓解分娩与哮喘时的抽搐也有不错的疗效。但杜松的价值远不止药用层面，在那些并不富裕的国家，杜松还是财富的象征。

康拉德·格斯纳在《健康新宝》（*The Newe Jewell of Health*，1576年）中展示了一对主仆正在使用一套原始的回流冷凝器蒸馏酒精。

金酒的历史

1495年维巴蒂姆（Verbatim）配方

这一复杂的配方首先需要准备10夸脱的葡萄酒（或使用"葡萄酒之母"，笔者推测可能是酒糟），加清水或汉堡啤酒稀释，"直到变为酪乳状"。随后倒入双缸蒸馏器中，用蛋黄和面粉的混合物封口，进行蒸馏。将蒸馏好的"烧酒"以9:1的比例和以下香料混合：肉豆蔻12颗，姜，高良姜，天堂椒，丁香，肉桂和豆蔻。二次蒸馏结束，再加入磨碎的豆蔻4磅，鼠尾草两把，丁香11磅。最后放入杜松。在实际的配方中，杜松被称为"gorsbeyn de dameren"，直译为"青蛙骨头的灰烬"。或者以范舒恩伯格的解释，是将干杜松浆果磨碎放入布袋，悬在蒸馏罐上将混合物重新蒸馏。

2014年，在纪凡科涅克总部（原配方注明应使用科涅克产区附近酿造的葡萄酒），日内瓦历史学家菲利普·达夫（Phillip Duff）和戴维·翁德里奇（David Wondrich）等人组成的团队重新调制出这一古代饮品，将其命名为维巴蒂姆（Verbatim）。

低地国家的蒸馏酒

有关维巴蒂姆配方的主人，我们知之甚少。他的姓名虽已不可考，但仍可推测，他一定非常富有。除了富人，谁还会有闲情雅致仅仅为了自娱自乐而编撰一本书？退一步说，家境不富裕的人又怎么买得起大量香料来制作这种奢侈的饮品呢？这是迄今为止发现最早的使用杜松酿酒的配方（详见左侧）。这些香料从东方而来，经陆路运至君士坦丁堡，途径威尼斯，最后送到他的家中。这一杯酒不仅仅透露出酒主人的穷奢极欲，也在一定程度上表明，人们开始为了纯粹享乐而饮酒。两年后，阿姆斯特丹就开始征收"白兰地"（在当时泛指一切烈性蒸馏酒）的烈酒税了。

生命之水

要了解金酒，就必须先了解荷式金酒。战争、宗教迫害、国家建设和贸易的发展是金酒兴起的重要原因。从13世纪开始，荷兰就有许多与炼金术有关的著作，其中很多都提到了杜松。但要说突出表现金酒价值功能转变的文章，非约翰内斯·德·阿特尔（Johannes de Aeltre）1351年所著《生命之水》（*Aqua vite, dats water des levens of levende water*）莫属，文中说：

> 得此，则乐以忘忧，气高胆壮，心生雀跃。

显然，金酒有了另外一个价值。人们逐渐意识到，原本单纯作为药物的杜松展现出了另一种特性。至此，杜松所扮演的角色即将发生改变。

16世纪时，因兹温河淤塞、交通不便，布鲁日作为贸易和学术中心的地位日渐衰落，让位于以东90千米的安特卫普。在那里，菲利普斯·赫曼尼（Philippus Hermanni）于1552年撰写了《恩·康斯泰利克》（*Een Constelijck Distileerboec*）。该书不仅介绍了杜松果水的配方，也详细介绍了蒸馏的方法。这本书也在日后成为低地国家酿酒师的手册。

在此之前，所有的滋补类饮品都是以葡萄酒为基酒调制的，但连年的歉收和寒冷的天气促使酿酒师去充分利用身边的一切物料，最初是酸啤酒，后来延伸到了黑麦和麦芽。荷式金酒专家苔丝·波斯胡姆斯（Tess Posthumus）指出，由于诸多翻译错误，荷式金酒的早期发展史很难厘清。"白兰地酒（Korenbrandewijn，一种使用谷物酿造的白兰地）很常见，

图中的这些瓦罐酒瓶是来自荷兰波尔斯酒厂的古董酒瓶，时至今日依然可以来盛装荷式金酒。

但这种酒同时也简称为白兰地（brandewijn）。"她说道，"谷物供应充足的前提下，继续使用进口葡萄酒纯属画蛇添足。杜松的加入并非是出于对葡萄白兰地的拙劣模仿，而是有着一定的药用目的、或是为了掩盖陈旧谷物的味道。"

但葡萄酒的短缺还有另一个原因。1568年，低地国家与当时的统治者西班牙爆发了八十年战争。以安特卫普为中心的新教徒起义遭到了西班牙人的暴力镇压。宗教迫害的加剧和随之而来的贸易衰落，迫使工匠、酿酒师和商人大量外逃。在此期间，仅伦敦就收容了六千名难民。

随着安特卫普重要性的下降，酿酒师和酒厂在新荷兰共和国的城镇里重新立足，就比如希丹、阿姆斯特丹、韦斯普和哈瑟尔特。1601年，受西班牙控制的南部统治者阿尔伯特大公及伊莎贝拉夫妇（Archdukes Albert and Isabella）禁止从谷物中提取蒸馏酒，这一禁令一直持续了112年。

附加的价值

1606年，荷兰共和国开始对白兰地、茴香酒和荷式金酒征税。而此前课税的对象只有白兰地。显然，越来越多的人开始消费荷式金酒，这也导致了金酒口味上的转变。杜松和其他的香料都比较容易获得。1602年，荷兰东印度公司（缩写为VOC）获得了特许经营权，直到2009年彻底解散。1799年的东印度公司是世界上最强大的贸易机构，几乎垄断了一切香料贸易。而荷兰的黄金时代也从这时开始了。

在这些从安特卫普逃出的难民中，有一个叫作博尔斯（Bulsius）的家族。他们在科隆生活了一段时间后，于1575年辗转来到阿姆斯特丹，改名为波尔斯（Bols）家族，并开始酿造利口酒。时间到了1664年，波尔斯家族开始酿造荷式金酒。和利口酒一样，荷式金酒的酿造也需要来自异域的原料，所以波尔斯家族与荷兰东印度公司的17人理事会一直保持着密切的联系。1700年，荷兰东印度公司达到了权力巅峰、成为了事实上的国家机关，而卢卡斯·波尔斯（Lucas Bols）作为该公司的股东，可以优先获得香料、同时为他的产品建立分销网络。

荷兰东印度公司近5000人的船队让阿姆斯特丹成为了世界贸易的中心。正如E.M.比克曼（E M Beekman）在其所著《流亡者之梦》（Fugitive Dreams）一书中指出的："垄断固然可以合法化，但必须靠武力维持。"

金酒的历史

面对从码头上源源不断地运来的巨额财富，阿姆斯特丹的商人和酿酒师又何尝会关心这些财富背后有着怎样的野蛮行为呢？运进来的是香料和丝绸，卖出去的是荷式金酒。这一时期，荷兰海军和陆军每天都能得到定量的荷式金酒配给。在东印度群岛的殖民者终日畅饮"鹦鹉汤""胖头"和"跳跳水"，睡觉前也不忘来点"蚊帐"助眠。很多人也用荷式金酒做易货贸易。苏门答腊的一位巴达克族酋长就想用12瓶荷式金酒换1本圣书，对此，传教士赫尔曼·纽布伦纳·范德·图克（Herman Neubronner van der Tuuk）感到很受冒犯。

从荷兰走向世界

荷式金酒成为纷繁复杂的贸易文化网络中的一部分，也成为这个新兴国家错综复杂身份认同中的一条经纬。当它漂洋过海，一路来到西非、南非、印度、日本、中国、加勒比海、南美和欧洲其他地区时，这种酒逐渐成了荷兰人和荷兰这个国家的象征。荷式金酒的产量持续上升：从波罗的海运来谷物，从英国运来发芽大麦。酒桶则需要由专业的桶匠制造，比如霍斯特的佩特鲁斯·德·库伯（Petrus de Kuyper）。库伯的儿子让（Jan）于1752年在希丹开设了一家酒厂，同一个镇子还有另外126家酒厂。

下图描绘了荷兰东印度公司在印度孟加拉胡格利地区贸易站的情景，由亨德里克·范·舒伦堡（Hendrik van Schulenburgh）于1665年绘制。

1713年，奥属尼德兰（位于现在的比利时境内）成立，终于促使当地的蒸馏行业开始复兴，尽管根据当时的相关记载显示，酒的质量不是特别好。到18世纪末，法国的金酒蒸馏也有所增加，而在此之前，法国一直禁止用谷物进行蒸馏。虽然由于4次英荷战争（1652—1654年、1665—1667年、1672—1674年和1780—1784年）而一度中断了对英国的荷式金酒出口，但到了18世纪末，霍兰德在伦敦新开的"烈酒铺"（strong water shops）中的售价只有法国白兰地的一半。彼时伦敦的酿酒师职业才刚刚起步，还在努力摆脱金酒的污名，而荷式金酒却已然带着自信的步伐迈入了19世纪。不仅仅是殖民地和邻国想喝荷式金酒，甚至于美国也不例外。

英式金酒的艰难诞生

虽然许多人认为，休·普拉特爵士（Sir Hugh Plat）所著《淑女之乐》（*Delightes for Ladies to Adorn Their Persons, Tables, Closets, and Distillatories*）一书中记载的配方是英国第一款杜松风味的蒸馏酒，但事实并非如此。不过，该配方的存在确实证明了蒸馏酒已不再是炼金术士和药剂师的专利，而可以——或者说应该——由家庭中的女性来酿造。这一时期，科学家、医生、贵族和专家都在从事蒸馏，其中许多人都是来自低地国家的难民。到1621年，伦敦有200名注册的酿酒师，1638年，酿酒师工会被授予皇家特许状，负责制定酿酒的质量标准。1698年再版的《伦敦蒸馏酒全书》（详见左侧栏）指出："一切葡萄酒、低度酒、酒糟和未发酵的蒸馏酒都必须经过蒸馏方能变成烈性酒，如此便可以进行修正然后才是复方调和的过程。"

来自荷兰的影响

在涌入英国的荷兰移民中，来自鹿特丹的威廉·Y-沃斯（William Y-Worth）是一位受人尊敬的炼金术士，同时也是艾萨克·牛顿（Isaac Newton）的知己。1692年，沃斯出版了《蒸馏大全》（*The Compleat Distiller*），详细地记载了荷兰人的蒸馏方法和配制酒的配方。他对伍氏公司采用的方法颇有微词，全书唯一提到杜松的地方还是在药用药典部分。随着荷兰蒸馏技术的进步，17世纪的英国还出现了合法进口和走私入境的荷式金酒，这些金酒很快就被奉为标准、成了英国酿酒师争相比对的对象。此时，苏格兰海格（Haig）家族的成

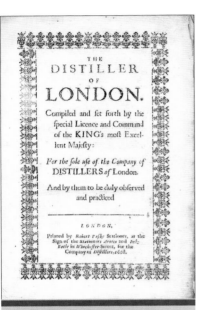

现代金酒的演变与成型

1698年再版的《伦敦蒸馏酒全书》（*The Distiller of London*）中收录了一些金酒的原始配方。对于大部分人而言，更长、更复杂的26号配方最为引人注目。但我发现33号配方更加耐人寻味一些。在这一配方中，杜松是首要成分，还有干榅桲、皮平（苹果）、柠檬、橙皮、肉豆蔻、茴香和丁香。蒸馏完成后，将草莓和覆盆子浸泡在酒液中，最后加入糖分增甜。毫无疑问，这已经是一款现代意义上的金酒了。

金酒的历史

借酒壮胆

在英国金酒的历史中，士兵扮演的角色颇为奇特。一些研究金酒历史的史学家认为，正是由于士兵在伊丽莎白时代（1560—1600年）和三十年战争（公元1618—1648年）时期，从战场上带回了"以酒壮胆（Dutch Courage）"的习惯，才促成了英国金酒的崛起。然而，这样的想法未免过于简单了一些。士兵回国之后无所事事、急需便宜的烈酒解闷浇愁；而在18世纪，最便宜的酒精类饮品就是金酒，所以士兵选择金酒并没有什么特别的历史必然性。

员也在研究希丹的荷式金酒生产。

此时，恰逢荷兰血统的威廉三世（William III）入主英国，他于1688年应邀登基，成为英国国王。很多人认为，威廉三世的登基促使人们出于爱国情怀而开始大量饮用金酒。然而，贵族很早之前就已经开始饮用金酒了，而金酒消费的进一步普及还要归功于一项法案的通过。1690年，议会通过了"鼓励使用玉米蒸馏白兰地和蒸馏酒法案"，降低了用英国玉米酿造白兰地的税赋，同时一度禁止了法国白兰地的进口，该法案意在讨好那些手头玉米过剩的农民和地主，而非鼓励人们消费金酒，但在客观上确实极大地促进了金酒的消费。随着酒类酿造管制的逐渐放开，任何人都可以蒸馏或配制酒类饮品。因此，蒸馏酒的消费量从1684年的2,600,363升上升到1700年的5,455,308升。1715—1755年期间，随着大量廉价玉米和新兴蒸馏酒商的出现，二者的结合使金酒价格暴跌，而随着价格的暴跌，金酒的质量也出现了明显的下降。到1720年，一场金酒热已经席卷整个英国。

金酒热时期

18世纪，英国在混乱中形成了一个新的国度，而这种混乱的集大成者就是伦敦。城市迅速扩张，而越来越多的人被迫挤在不断增加的贫民窟里度日。那是一个狂热而混乱的时代，连年的战乱和詹姆斯党起义的阴云笼罩着人们，不受控制的金融投机更是让这一切雪上加霜。伦敦以其无限的可能吸引了无数渴望改善生活的可怜人，转手又把他们扔进了臭水沟。的确有些人发了财、学会了一门手艺，又或是谋得了一个职位，但大部分不那么幸运的人只能在荷式金酒的怀抱中获得些许的慰藉了。

到1720年，伦敦生产的蒸馏酒占到了英国蒸馏酒生产总量的90%，其中金酒占据了绝对多数。这种酒便宜、强烈，口味上与贵族饮用的荷式金酒"霍兰德"相仿，而且很容易就能从酒馆、酒吧、咖啡馆以及遍布城市街巷的金酒商店里买到。穷人常去的船用杂货铺（chandler's shop）、手推车甚至是一般小贩也有售卖，除了金酒，这些低收入群体也会去那里买糖、变质的面包和硬奶酪。

下层阶级对金酒消费的增长已经成为了一个相当明显的问题，因此，政府于1729年通过了一项法案，试图抑制金酒需求

金酒的历史

的增长。然而，该法案只颁发了453个新的经营执照（执照费用相当于一个酒商足足1年的收入），同时执照不限制具体的钟量。于是，金酒蒸馏和销售就成了贫民窟唯一能够赚钱的买卖。

提高税率的目的并不仅限于在短期内提升财政收入（当时持续不断的战争让财政开销剧增），同时也满足了新禁酒主义者的要求。此外，政策将适用对象限定为1,500名配制酒生产商，从而巧妙地避免了与酿酒商和地主产生直接的利益冲突，简直堪称万全之策。然而问题在于，该法案并未奏效，到1730年，金酒的消费量已经达到13,638,276升。反对金酒已然成为了一场道德战争，布道、戏剧和宣传册都在添油加醋地讲述金酒造成的放荡、谋杀和挥霍行径。

1736年，第三部《金酒法案》获得通过（见P17左侧栏），该法案采取了将金酒彻底逐出市场的严厉举措，新颁发的执照价值高达50英镑，数量仅有20张，而这种恶魔之酒的流通却愈发通畅。两年后，金酒产量突破了2727.66万升。这让反对金酒的卫道士怒火中烧，其激烈程度恐怕只有金酒的坚定支持者才能勉强匹敌。由杜德利·布莱德斯特里特（Dudley Bradstreet）首创的"猫咪"装置前排起了长队，该装置因为绘有猫咪图案而得名，顾客们低声喊"猫咪"，

1751年，威廉·霍加斯（William Hogarth）为支持《金酒法案》的通过而绘制的《金酒弄巷》（Gin Lane）：这幅画究竟是对当时情景的准确描绘，还是掺杂了个人感情的夸大其词？

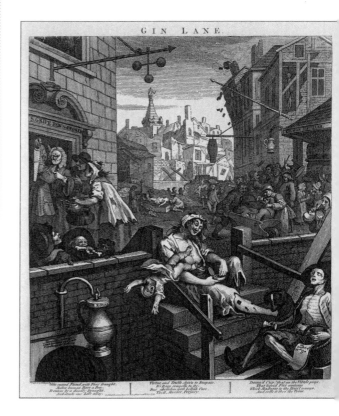

金酒法案变迁

1729年，复合类酒精饮品（compound waters）的税额上调，涨到每加仑5先令；酒类的零售许可证的价格为20英镑。

1733年，取消了对复合蒸馏酒（compound spirits）征收的额外关税；依法取缔了街头售酒的行为；类似行为一旦被查获，将处10英镑罚款；当局抓获违法酒贩并对其处以罚款后，将给提供消息的举报人5英镑的奖励。

1736年，蒸馏酒零售许可证的价格涨至50英镑；对于零售的每加仑酒类征收1英镑酒类税；无证销售将被处以100英镑罚款，街头酒贩将被处以10英镑罚款；单次销售不得少于2加仑。

1743年，低浓度葡萄酒的关税整整调了一番，达到每加仑2便士，蒸馏酒的关税为每加仑6便士；酒类经销许可证的单价下调至1英镑；只有具备相应执照的场所准许出售金酒；酿酒商无权进行零售。

1747年，酿酒商在支付5英镑购买相关许可证后可以进行零售。

1751年，酒类关税上调至每加仑1先令；许可证单价重新上调至2英镑；禁止酿酒商零售；可以购买经销许可证的场所仅限于旅馆、啤酒屋和小酒馆，只有年平均店面租金超过10英镑的场所方可售卖金酒。

1760年，低浓度葡萄酒的关税上调至5便士，以玉米酒为基酒的蒸馏酒类关税上调至1先令3便士；政府提供酒类出口补贴。

在得到店员"喵"的一声作为肯定回答后，顾客将两枚便士放进伸出的抽屉里，店员再通过"猫爪"下的管子倒出一杯金酒。举报这种非法售酒的赏金引来了大量告密者，他们急于拿到这些悬赏，甚至组成了团伙。当然，如果不幸暴露身份，这些告密者的下场一般会非常凄惨。例如在1738年，一个女告密者的遗体被挖出来，人们发现，她的心脏被木桩刺穿了。在这种背景之下，饮用金酒已经成为一种公民的不法行为，让那些匪帮暴徒更加躁动了。随着时间的推移，地方执法官因为害怕遇袭而不得不放弃执行这一法条。

在1742年生产的3636.87万升金酒（人均超过9.09升）中，只有181.84升金酒是有执照授权合法销售的。眼下，政府急需财政收入以负担奥地利继承战争（1740—1748年）中8万人大军的开支，所以政府又一次改变了策略、颁布了另一项法案（见左图例）。起初，该法案似乎奏效了，在1743年至1747年期间，共发放了481,000份低价生产许可证。然而，酿酒师群体依然不满足，他们反对不允许直接销售的法令。于是，1748年，法律再次让步、允许酿酒师和配制商进行零售。然而，几乎就在同一时间，随着海外战争的结束，无所事事的士兵又一次回国并引发了一场与金酒密不可分的犯罪浪潮。整个伦敦陷入了一场危机：1720年至1750年期间，伦敦市的出生率不断下降、而死亡率却节节升高。1730年至1779年期间，平均婴儿死亡率竟然达到每年每千人死亡242人。酗酒起到了一定的作用，但金酒显然不是造成问题的唯一原因。金酒狂热的根源在于贫困。虽然金酒的消费量在1740年后期开始下降，但与金酒的斗争很快再次成为政治议程的首要议题。1751年，艺术家威廉·霍加斯（William Hogarth）的《金酒弄巷》（*Gin Lane*）发行，其中描绘了圣吉尔斯周围"贫民窟"中地狱般的生活场景。这幅作品描绘出了一个四分五裂的社会，而金酒正是道德和身体双重衰退的重要意象。画面中央，醉醺醺的母亲任由她的孩子摔倒致死，这一情景不仅是对金酒泛滥的批判、同时也是对女性失职的批判。

从恶名昭著到逐渐为人接受

"如果一个女人习惯了去喝酒，她……就沦落为世界上最悲惨、也是最可耻的生物。"1751年，《霍加斯先生的六幅版画》（*A dissertation on Mr Hogarth's Six Prints*）一书的匿

饮金酒对年轻女性造成的危害也是这一时期流行的绘画主题,比如托马斯·罗兰森(Thomas Rowlandson)在19世纪初创作的这幅画作。

名作者这样写道。废奴主义者认为,一个女性堕落的社会是没有希望可言的。他们认为,女性是社会的支柱,而不是凌晨5点把金酒瓶藏在裙子里沿街叫卖的人。更重要的是,如果她们是不合格的母亲,那她们的后代岂不是要彻底垮掉。然而兜售金酒却是当时单身女性为数不多的赚钱方式之一。

同年,政府又通过了另一部《金酒法》,该法最终似乎起了作用,除了1756年的那次高峰,金酒的消费量开始持续走低。在1757—1763年期间,对廉价金酒的残余渴求又一次被冲淡,因为粮食歉收,所以自然没有多余的谷物可供蒸馏,不少小酒厂因此关门大吉。不过,由于金酒的价格上涨,质量倒是有了一定的提高。

金酒热终于结束了,饮用蒸馏酒再次成为了富人的特权。这些人在金酒热期间也一直饮用朗姆酒、白兰地和荷式金酒。

现在,金酒厂一般都由很有实力的家族所掌握——比如博德家族、居里家族和布斯家族(Boord, Currie, and Booth)。

1769年,亚历山大·戈登(Alexander Gordon)在伦敦南部的伯蒙德西开始酿酒。到了18世纪80年代,詹姆斯·斯坦恩(James Stein)在苏格兰法夫的基尔巴吉威士忌酒厂里安装了一套金酒蒸馏设施,每天能生产22730升的"霍兰德"。虽然他的出口许可证已被吊销,但还是标志着伦敦金酒酿造商的垄断行为一去不复返。1761年,托马斯·达金(Thomas Dakin)在英格兰西北部的沃灵顿开设了一家金酒酒厂,而1793年柯茨(Coates)家族也在普利茅斯建立了酒厂。在布里斯托尔新建了四家大型酒厂、在利物浦新建了三家酒厂,以及苏格兰出口的精馏酒增多,也给伦敦的酒类企业带来了压力。

金酒开始逐渐为人所接受,但彼时的金酒与我们今天熟悉的金酒其实相去甚远。在其1757年出版的《酿酒师大全》(*The Complete Distiller*)一书中,安布罗斯·库伯(Ambrose Cooper)建议酿酒师们遵循荷兰的方法,并鼓励他们"在蒸馏和调配麦芽酒时多加注意,就可以酿出与荷式金酒不相上下的酒来"。威廉·沃斯的建议仍然是正确的。

鸡尾酒的兴起

如果说在一开始时,金酒并未如酿酒师所愿、为具有较高社会地位的受众所接纳,那么到了19世纪初,它开始在英

金酒的历史

国社会各阶层获得广泛的认可，甚至还收获了一些文人的青睐。根据托马斯·梅德温（Thomas Medwin）的说法，19世纪20年代，他在意大利比萨遇到了大名鼎鼎的拜伦勋爵（Lord Byron）。后者通过"大量饮用葡萄酒，还有最喜欢的霍兰德，几乎每晚都要喝上1升左右"来保持旺盛的精力。拜伦甚至反过来调侃他的客人："……你为什么不试试呢？金酒加水可是我一切灵感的不竭之源"。不过有一点值得注意：当时人们喝的还是霍兰德而非英式金酒。同样的，无论是伦敦加里克（Garrick）俱乐部成员喜欢的金酒、亦或是以19世纪30年代梅费尔区康迪街的林莫酒吧（Limmer's Old House）的侍应生约翰·柯林斯（John Collins）命名的柯林斯鸡尾酒，和今天人们所熟知的版本都有一定的差异。

阶级传统

正如奥莉薇娅·威廉姆斯（Olivia Williams）在《了不起的金酒》（*Gin Glorious Gin*）一书中所述，1833年，伦敦《旁观者》（*The Spectator*）杂志将荷式金酒和白兰地列为中产阶级家庭购买的主要商品，而低收入人群主要消费的是

1751年金酒法案宣判了女性金酒酗酒者的死刑……

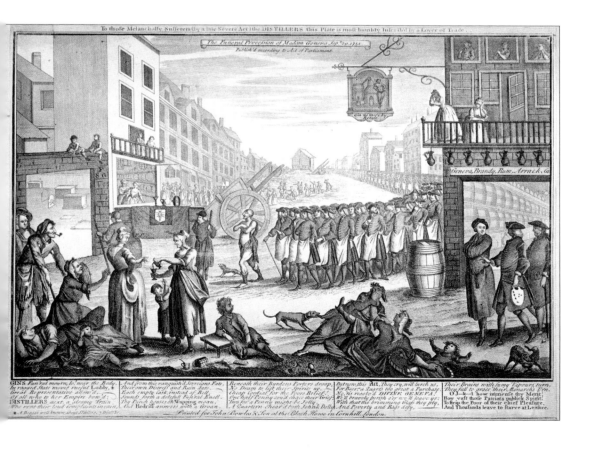

松节油和金酒

安布罗斯·库伯（Ambrose Cooper）在1757年的《酿酒师大全》中区分了"杜松蒸馏水"和另一种"普通的、不是由杜松果实……而是由松节油制成的"液体。之后，他也给出了两个配方：一个是用45升烈酒蒸馏1.3千克浸渍过的浆果，另一个是在90升烈酒中加入50毫升松节油和3把粗盐。

"自制的烈性蒸馏酒（包括金酒和威士忌）"。霍兰德仍被认为是一种高级的酒类，不少英国酿酒师也有进一步的尝试，1807年，海格（Haigs）夫妇尝试在伦敦推销他们的苏格兰产金酒。曾在希丹接受过培训的酿酒师罗伯特·莫尔（Robert More）在1828年销售苏格兰福尔柯克的安德伍德酒厂生产的"荷式金酒"，但市场表现平平，第二年就宣告破产了。

英式金酒依然是属于工人阶级的饮品。查尔斯·狄更斯（Charles Dickens）在其1836年的散文《夜晚的街道》（*The Streets at Night*）中描绘了伦敦剧院散场后喧闹的人群，他们渴求着桶装金酒和普尔酒（加入了金酒的加香型啤酒）。金酒的进口量仍然超过了英国国内的产量，此外，还有相当多的走私活动。1785年，卡普尔（Carpeau）和斯特威尔（Stival）在法国北部敦刻尔克地区的巍城酒厂（Citadelle）取得了皇家特许，该酒厂用谷物进行蒸馏，酿出的金酒大量走私进入英国销售。这种特殊的情况一直持续到1810年，甚至在拿破仑战争期间也未中断。受这个故事启发，亚历山大·加布里埃尔（Alexandre Gabriel）创立了巍城金酒品牌。

于是，英国立法者想出了一个聪明的主意来刺激国内市场的蒸馏酒消费。1825年，立法机关将蒸馏酒税从10先令6便士削减到6先令。减税后的金酒甚至比啤酒还要便宜，于是一年内消费量从370万加仑猛增到740万加仑。塞缪尔·莫伍德（Samuel Morewood）在1838年的一份报告中指出，金酒的品质并未得到改善。因为基酒的标准很差，他写道："所有的酒都必须通过精馏师的调整，而精馏师却又被错误的法令所误导，最终直接影响到了公众的口味。"

廉价金酒的回归也催生了一种全新的饮酒场所——金酒宫，它在伦敦臭气熏天的大街上显得格外耀眼。玻璃幕墙，明亮的灯光，长长的吧台和吧台后的酒桶，金酒宫似乎成为一个品尝优雅饮料的高档场所。然而这一切终归只是个假象：金酒宫不过是在原来的金酒商店基础上稍加装饰，对于低收入人群而言，无非又是另一处用廉价酒水聊以自慰的场所，最终一切照旧、什么问题都没有解决。正如狄更斯在1835年关于金酒宫的文章中所说："喝金酒是英国人的一大恶习，但贫穷更甚。"政府最终意识到了政策的失误，并于1830年取消了啤酒税，促使人们纷纷回到啤酒馆。酒馆也从金酒宫的设计中汲取了灵感（增加了座位），最终呈现出今

金酒的历史

天人们熟悉的维多利亚式酒馆的样子。到19世纪30年代末，金酒宫的时代已经结束。

金酒新风尚

然而，酿酒商却形成了自己的组织与团体。在1820—1840年期间，精馏师俱乐部每月都要组织一次会议。虽然有卡特尔组织的嫌疑，但俱乐部的确规范了酿造流程、同时也解决了基酒品质过于低劣的问题。1827年，罗伯特·施坦因（Robert Stein）在基尔巴吉安装了新注册专利的连续蒸馏器，埃涅阿斯·科菲（Aeneas Coffey）随后于1832年改进了这一设计（详见第23页插图）。1831年，玛丽·达金（Mary Dakin）在沃灵顿给她的金酒蒸馏器购入了一个科蒂蒸馏头，并于1836年又安装了另一个由卡特尔（Carter）先生设计的新型蒸馏器。这些技术创新让酿出的基酒纯度大大提高，金酒也不再全凭添加重口味的植物原料来调味了。纯度更高的金酒给了酿酒师更多自由发挥的空间——他们可以自由添加更多的植物原料，包括柑橘、甜味香料、小豆蔻、芷茴香等。金酒的口感丰富度也因此得到了很大的提升。这一时期的伦敦，金酒酿酒师大多聚集在伯蒙德西区、朗伯斯区和克勒肯维尔区。1798年，哥顿金酒与尼克尔森和布斯品牌联合经营。到了18世纪中叶，普利茅斯酒厂每年向皇家海军供应

19世纪20年代出现了第二次金酒热，这次热潮以伦敦的金酒宫为中心发散开来，图中呈现的就是一处典型的金酒宫。

1000桶海军强度金酒（Navy Strength）。

这一时期，人们还用金酒来稀释各种药用混合物。海军军官在抗疟药安戈斯图拉苦精中兑入普利茅斯金酒来调整抗疟药的剂量，混合出粉红色的抗虐药金酒。根据当时的法律规定，为了预防败血症，所有的船只都必须携带青柠。1862年，劳克林·罗斯（Lauchlin Rose）发明了十分易于运输和存储的青柠糖浆。因此，不少船只都选择储备青柠糖浆，需要时再与金酒混合服用。后来，人们以海军外科医生托马斯·金莱特爵士（Sir Thomas Gimlette）的姓氏为这种饮料命名。甚至连陆军也不例外，他们同样选择将抗疟药与金酒混合来缓解药物的苦味。

1869年，威廉·特灵顿（William Terrington）的《冷饮面面观》（*Cooling Cups and Dainty Drinks*）在英国出版，标志着金酒的发展进入了一个崭新的阶段。作为饮品，金酒开始加冰饮用了，越来越精致细腻、也因此越来越为人所认可，而冰块的使用与制取也越来越便利。特别调制的金酒饮品——譬如由（也许是为）皮姆（Pimm）先生精心调制的1号杯——也越来越受人欢迎。在1869年洛夫特斯（Loftus）的《新调和技术全书》（*New Mixing and Reducing Book*）中，清晰地记载了酒馆提供金酒的配方。从该书的记载中我们发现，当时的金酒要么是经过精馏后带有甜味，要么就是在酒馆里重新调制后再供人饮用。

每个品牌都确立了自己的风格："霍奇、布斯、威格士、尼克尔森……每一家品牌都有着自家独特的风味……而利物浦金酒和布里斯托尔金酒，或是布里斯托尔金酒和普利茅斯金酒之间的差异也非常明显，一如苏格兰威士忌和爱尔兰麦芽威士忌之间的区别一样显著。"洛夫特斯甚至还详细地告诉读者，通过加糖、大蒜或辣根片，可以让英式金酒具有"荷式金酒中备受推崇的奶油味和顺滑感……而这些原本是陈年的结果"。此外，他也注意到了金酒风格偏好的转变："浓烈、不加糖的金酒的需求相对较少……大部分选择这种金酒的都是有地位、有钱阶级的人士。"彼时，大多数人喝的是老汤姆。关于这种加糖金酒名字的来源有两种说法，一种说法是以一只掉进大桶里的猫命名，另一种说法看上去更靠谱一些：这种金酒因霍奇酒厂的"老"托马斯·张伯伦（"Old" Thomas Chamberlain）而得名。然而一开始，老汤姆的消费仅限于英国市场。直到1850年，菲利克斯·布斯（Sir Felix Booth）爵士通过游说成功取消

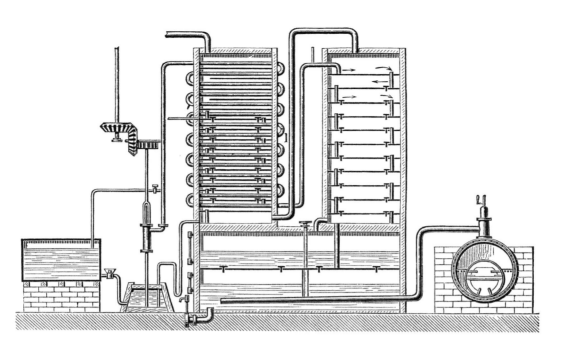

1832年，爱尔兰人埃涅阿斯·科菲发明了科菲蒸馏器（the Coffey still），提高了金酒的质量。

出口金酒消费税之后，这种金酒才开始大量出口。此后，伦敦生产的金酒主要销往大英帝国的海外市场。

19世纪70年代，葡萄根瘤蚜（19世纪末，正是这种蚜虫的泛滥彻底摧毁了法国的葡萄种殖业）让干邑彻底没了踪影，金酒（和威士忌一起）一跃成为中产阶级首选的酒类饮品，1871年的《绅士餐桌指南》（*The Gentleman's Table Guide*）中出现的金酒类饮品，包括潘趣酒、茱莉普、司令鸡尾酒和桑格莉酒就是证明。

那时，查尔斯·添加利（Charles Tanqueray）也加入了老牌酿酒师的行列，他在1830年开始调配金酒，同期还有沃尔特（Walter）和阿尔弗雷德·杰尔比（Alfred Gilbey），以及詹姆斯·伯劳（James Burrough），1863年他买下了约翰·泰勒（John Taylor）在切尔西卡尔街的金酒酒厂。1876年，他经营的必富达干型金酒问世，以满足金酒新消费者对无糖风味的需求——这和当时新兴的"干型"香槟酒颇为相似。英国的酿酒师们把目光又投向了西方的美国，因为美国是另一个正在开放的市场，而且这个市场早已对金酒产生了兴趣。

金酒王朝的兴起

19世纪是荷式金酒的黄金时代。1700年时，靠近鹿特丹的小城希丹仅有37家酿酒厂，但100年后，这一数字变成了250家，到19世纪80年代又进一步增加到392家。金酒行业不再仅仅供应荷兰的国内市场：80%的希丹麦芽酒从港口运出，与阿姆斯特丹的波尔斯等品牌一起销往非洲、欧洲、东南亚和美洲各地。麦芽酒作为基酒，也大量出口到英国、法国和德国的酿酒厂。

从麦芽酿造到装瓶在内的生产全过程都在这个小镇上进行。那时的希丹，几百家酿酒厂烟囱里的烟尘、62家麦芽厂的窑炉里排出的废气全都混合在一起、已经漆黑一团的空气又被镇上15个风车轻轻吹动，为这个城市赢得了"黑色拿撒勒"的称号。这场繁荣并没有持续下去。19世纪80年代末，随着荷兰国内的大型企业纷纷放弃麦芽酒（该镇的特产），转而选择以甜菜为原料的工业化生产的廉价基酒，希丹的重要性就开始下降。这种变化已经在比利时出现过一次。在19世纪20年代，比利时的酿酒师很快就安装了总部位于布鲁塞尔的塞利埃·布莱门萨（Cellier Blumenthal）的柱式蒸馏器（详见第25页图），而比利时在1830年独立后，税率下降，荷式金酒被禁止，酿酒厂的数量增加了一倍，达到1092家，并开始向巴西、非洲、印度、新西兰、澳大利亚和中国出口。整合紧随其后，大的订单由城市大酒厂使用甜菜基酒酿造。这种新款清淡型的荷式金酒

19世纪，希丹当之无愧地成为了荷兰金酒蒸馏行业的中心。

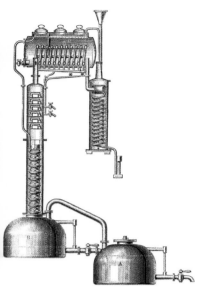

19世纪20年代，比利时的酿酒商开始使用塞利埃·布莱门萨式蒸馏装置（the Cellier Blumenthal still）。

成为便宜的工人阶级饮品，引发了比利时独有的金酒热潮，反对者采取了各种手段来抵制金酒消费的增长——很容易让人想到一个世纪前在伦敦发生的那场金酒热与随之而来对金酒的道德声讨。纵使如此，金酒也并未消亡。

从美国走向世界

金酒因美国而成为世界性的蒸馏酒，但美国人对金酒的喜好并非始于伦敦金酒。在19世纪的大部分时间里，美国人喝的是荷式金酒。至少从1732年开始，荷式金酒就已经出口到了欧洲大陆，1750年，波尔斯金酒开始出口。即使到了世纪末，荷式金酒的进口量也远远大于从英国进口金酒的数量，正是荷式金酒（随着时间的推移，英式老汤姆金酒逐渐取而代之）为美国金酒类饮料和鸡尾酒的第一次大流行奠定了基础。莱斯利·索尔蒙森（Lesley Solmonson）在《金酒全球史》（*Gin: A Global History*）一书中指出，正是霍兰德这种"仙酒"让作品里的主人公，瑞普·凡·温克尔（Rip Van Winkle）一醉就是二十载。

美国的酿酒师是按照荷式金酒的配方来酿制金酒的——可以说这些配方都有些年头了。塞缪尔·麦克哈里（Samuel McHarry）在其1809年所著的《实用酿酒手册》（*The Practical Distiller*）一书中，给出了一个用澄清的威士忌和等量的水，再"加入足量的杜松果、少量的啤酒花、辅以鱼胶、柠檬水和盐，制成金酒的配方"。他补充说："以这种方式制成的金酒，再经过两年时间的陈酿，即使不比荷式金酒好、至少也能与之平分秋色。"

基于这一配方，总部位于布鲁克林的纽约蒸馏酒公司调制出了格瓦努斯酋长金酒，效果非常出色。布鲁克林是美国早期蒸馏酒行业的中心，1808年，希西家·皮尔庞特（Hezekiah Pierrepont）在这里创立了海锚酒厂（Anchor Distillery）。据说，该厂是美国历史上第一家商业化的金酒酒厂。根据亨利·里德·斯蒂尔斯（Henry Reed Stiles）所著的《布鲁克林发展史》（*A History of the City of Brooklyn*），海锚酒厂"在金酒酿成后，还会将成品金酒额外存放一年，从而使酒产生了特有的醇厚感"。1851年，在南布鲁克林6家酒厂生产的蒸馏酒中，有1318.37万升的威士忌进行了精馏加工，其中的绝大部分调制成了金酒。

金酒的历史

美国的禁酒运动虽然没有霍加斯那么恶劣，但也大打所谓的"家庭观念"牌。

美国生产金酒，是因为美国人开始喝混饮。起初只是简单的一人饮潘趣（司令酒），后来逐渐衍化出了包括菲克斯类（fixes）、酸酒类（sours）、代西类（daisies）、茱莉普类（juleps）和斯迈斯类（smashes）在内的整个鸡尾酒家族。19世纪初，随着苦精的加入，又出现了所谓的"苦味司令酒"或"鸡尾酒"。这些酒全部由荷式金酒调制而成，简洁精悍、通常加冰饮用，可用来缓解宿醉或增进食欲。一开始，这些鸡尾酒供早晨饮用。而自1830年起，随着制冰技术的普及，越来越多的饮料都可以选择加冰饮用。19世纪40年代末，鸡尾酒摇壶也应运而生。随着饮品的变化，周边的事物也随之改变。正如索尔蒙森所言，从这一时期开始，沙龙酒吧开始出现，这类酒吧的设计目的在于先把顾客吸引进来，再让他们边喝边谈、喝个不停。

沙龙酒吧的经营自然少不了调酒师，而调酒师中自然也不乏艺高胆大、想要炫技之人。调酒界第一个耀眼的明星当属杰瑞·托马斯（Jerry Thomas），他从1849年开始调酒，到1862年撰写了第一本鸡尾酒专著。那时，托马斯和他的同事已经对简单的金酒进行了"改良"。后来又陆续加入了杏仁白兰地、苦艾酒、查尔特勒酒等原料，但最重要的突破当属味美思的加入，这种酒与金酒的搭配堪称天作之合。金酒曼哈顿又名草坪俱乐部，首次出现于19世纪80年代。关于这款鸡尾酒的第一个书面记载是在1884年，虽然乍一听上去和特灵顿的配方差不多——都是搭配味美思马丁内斯（vermouth-heavy Martinez）调制而成。两者都是用霍兰德或老汤姆金酒调制的。

一开始，甚少有人关注干型金酒（dry gin）。1888年，哈里·约翰逊（Harry Johnson）撰写的《调酒师手册》（Bartenders' Manual）中记载了11种使用霍兰德调制的金酒类饮品、8种使用老汤姆调制的金酒类饮品；同年，杰瑞·托马斯修订后的版本中，这一比例是6∶4、更偏向于霍兰德；1892年，"独一无二的威廉"施密特（"The Only William" Schmidt）所著《酒满杯》（The Flowing Bowl）中，霍兰德和老汤姆的比例是11∶5、同样更偏向于霍兰德。然而到了1908年，威廉·T. 布斯比（William "Cocktail" Boothby）在其所著《世界饮品调配大全》（The World's Drinks and How to Mix Them）一书中，除记载有传统的霍兰德、老汤姆饮品各9种，还首次列举了6种干型金酒饮品。潮流正在逐渐发生转变——美国人的饮酒口味正逐渐向着干型的方向发展。

金酒的历史

金酒的起起落落

有人可能会以为，美国的禁酒令（1920—1933年）会让金酒的发展出现大倒退。然而，禁酒令却恰恰成为了金酒普及的催化剂。英国的酿酒师不愿意放弃他们最主要的新兴市场，于是索性把生产出的金酒运到加拿大或巴哈马，再辗转流入美国黑市或地下酒吧。虽然禁酒令期间酒类消费总量并没有上升，但酒类的消费趋势却出现了从啤酒向蒸馏酒的转变。这时，金酒才算是第一次真正流行起来。

私酿金酒

正如威廉·格里姆斯（William Grimes）在美国鸡尾酒史《加冰不加冰：美国鸡尾酒简史》（*Straight Up or On the Rocks*）一书中所概述的那样，饮品的价格也随之水涨船高。

在禁酒令出台之前，一杯鸡尾酒的价格约为20美分。禁酒令颁行后，地下酒吧里一杯鸡尾酒的价格整整翻了一番，而在高端俱乐部，一杯鸡尾酒的要价甚至高达3美元。高昂的售价促使人们自己在家调酒，不少人都乐于自己动手丰衣足食，还可以凭借高超的调酒技艺在亲朋好友面前好好秀一手。毕竟，早在1894年，休伯莱恩（Heublein）品牌预调金酒的广告语就以"自调鸡尾酒胜于所有酒吧调酒"的口号进行宣传了。

尽管当局百般阻挠，但即使是在禁酒令期间，金酒在美国的热度依然持续走高。

对于那些消费不起黑市进口金酒的人而言，有一种替代方法：在浴缸里把工业酒精和松节油混合在一起，饮用时在杯中加入奶油和甜味剂来盖过那些恼人的异味。掺假的"金酒"女性饮酒量大增、烈酒消费量上升，读者可能会觉得这一切都似曾相识？事实也的确如此，禁酒令成就了美国的金酒。

令人惊奇的是，私酿金酒并没有损害这类饮品的形象。1933年后，随着禁酒令的废除，金酒也随之更加兴旺发达。次年，哥顿金酒（Gordon's）开始在美国进行蒸馏和生产。1938年，吉尔比（Gilbey）紧随其后，而加拿大酒商施格兰（Seagram）也于1939年开始酿造该品牌的金酒。

命途多舛

此时，金酒在低地国家的形势却比较严峻。在比利时，仅1919年一年中，酒类税率就增长了4倍，零售量也被限制为2升起售；此外，为了抑制过度饮酒，法律也禁止在酒吧里饮用蒸馏酒（该禁令一直持续到1985年才被废除）。在荷兰，金酒行业固步自封、拒绝现代化、因而也付出了极为惨痛的代价：1920年，希丹仅有14家酒厂生存了下来。与灵活机变的英国同行相比，荷兰酒商对于美国禁酒令的处理不够变通、导致荷式金酒在美国市场的销售额也出现了大幅下降。再加上随之而来的经济大萧条和第二次世界大战的冲击，荷式金酒在20世纪50年代里出现了严重亏损。

然而，英国的金酒厂却蓬勃发展。禁酒令让不少富有的美国人远渡重洋来到欧洲，此外，接受过系统培训的美国调酒师也越来越多，特别是伦敦萨沃尔酒店（Savoy Hotel）调酒师哈里·克拉多克（Harry Craddock）和哈里·麦克艾霍恩（Harry MacElhone），后者的调酒生涯始于巴黎的纽约酒吧，之后更名为哈里的纽约酒吧、以示对他的纪念。虽然欧洲的鸡尾酒消费水平层次不齐、不似美国那般众生平等，但也算赶上了鸡尾酒的发展进程。

在伦敦，喝鸡尾酒是专属于"光彩年华"那代人的，他们徜徉于新奇的"鸡尾酒派对"，或者在西罗、萨沃尔和皇家咖啡馆等酒吧里闲逛。在国外的英国人可以在新加坡或仰光的勃固俱乐部里品尝海峡司令酒。手头不太宽裕的酒友也可以选择调制的即饮鸡尾酒套餐（还贴心地配有摇壶）或必富达的预调酒系列，或者只需将最简单的配料和金酒稍加混

正在调酒的大师：调酒师哈里·克拉多克（Harry Craddock）将美式金酒鸡尾酒引入了伦敦萨沃尔酒店。

合即可，橙汁汽水姜汁啤酒、甜味美思、汤力水或杜本内都可以搭配金酒饮用。

战后发展

　　无论从金酒的种类还是饮用的风格来看，禁酒令后的美国整体上都更偏爱干型饮品。19世纪和禁酒令时代的华丽、甜美、奶油风味的饮品已经一去不复返，霍兰德和老汤姆也随之消失，而干型金酒的消费量却在稳步上升。这一时期是干马提尼的辉煌时期，干度和消费量都不断增加：午餐时喝上3杯、回家或者去酒吧后还要再来几杯。如此看来，马提尼和20世纪50年代美国的快节奏生活可以说是完美契合。另一方面，在英国，大多数人选择喝金汤力（在美国，金汤力反倒成了一种奢侈的饮料），或者是金和义——酒吧版本的马丁内斯酒。这也是母亲第一次和我父亲约会时点的酒。母亲虽不懂酒，但她也知道金和义有着一种复杂而特殊的气味。

　　然而，一个几乎没有风味可言的刺客正暗中窥探、磨刀霍霍、准备一举将金酒取而代之——这个隐秘的刺客就是伏

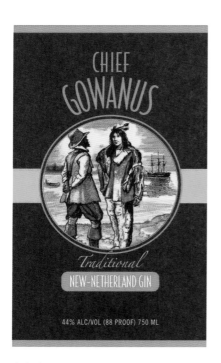

布鲁克林又一次开始生产美国风格的荷式金酒了。

特加。1954年时，美国每年要售出100万箱伏特加。市场标榜它可以完美代替金酒、让你在畅饮的同时不必担心口腔异味。到1967年，伏特加的销量已经超过了金酒。如果说金酒在美国的销量尚且只是下滑，那么在英国，金酒已经保守得无可救药、成为了高尔夫俱乐部和游艇（新的"金酒宫"）里的专供饮品。简而言之，金酒成了一切新潮前卫事物的对立面。荷兰的情况也没有好到哪去。战后，为了招商引资、促进重建，荷兰政府放宽了进口酒类的关税，这对国内酿酒商是相当不利的。到了20世纪70年代，他们被迫进行自杀式的价格战，荷式金酒完全沦为了批量生产的商品，品牌形象也因此一落千丈。对大多数酒友来说，荷式金酒已经成了质次价廉和老气保守的代名词，而它的味道和伏特加已经几无差别了。中性风格的"荣格"最终取代荷式金酒成为了最畅销的金酒，但在金酒行业整体衰落的背景下，这场胜利已经没有什么意义了。

金酒的复兴

蓝色的瓶子让所有人都大吃一惊：米歇尔·卢克斯（Michel Roux）到底在想什么？不只是恢复金酒的生产，还要直接生产高档金酒？1987年，这一大胆的举动开拓出了金酒的新纪元：由格里诺尔的伊恩·汉密尔顿（Ian Hamilton）创制，由卢克斯设计和推广的孟买蓝宝石金酒（Bombay Sapphire）以其清淡、芳香、诱人的口感振兴了整个金酒品类。

发生大爆炸之前的宇宙是什么模样？一位量子物理学家曾用"势场"（fields of potentiality）这个术语来描述这种客观状态。

如今的金酒也正处在同样的"势场"之中，已然呈现出一片全面复兴的态势。年轻人来到酒馆，他们对于金酒没有先天的歧视和敌意，自然也乐意品鉴各式各样的金酒；调酒师热衷于从经典鸡尾酒配方中寻找灵感，不断探索新的口味；小规模生产的蒸馏许可证颁发门槛越来越低；每个地方的金酒的地域特色也都更加充分地展现在人们眼前。突然间，像供职于必富达的戴斯蒙德·佩恩（Desmand Payne）这样，在伏特加的海洋中始终坚守金酒大旗的酿酒师受到了广泛赞扬。现在，伦敦和纽约又重新开始生产金酒。

世界各国都开始了金酒的生产。

较之从前，如今可供选择的金酒可谓是琳琅满目。好时代，来临了——或者说几乎来临了。金酒的酿造并不容易，非常考验酿造者对于酒体平衡的整体把握。当然，新兴品牌需要靠差异化来凸显自身特色，然而若是为此而一味堆砌更多的或是不常见的植物原料，最终只会适得其反，让酿成的酒体失去平衡。

并非所有的新兴金酒品牌都能存续下去。部分品牌的生产企业会因为质量问题停业，有些则会因为口味过分追求标新立异而停业，还有些生产企业没有合适的分销零售渠道、甚至根本拿不到合法上市的销售许可证。如今，一家金酒的生产企业上市也许就意味着另一家生产企业拿不到许可证。的确，金酒的总体需求量正在上升，但市场的容量显然也不是无穷尽的。在这样的大背景之下，只有那些专注于提升质量、同时有着良好完备商业计划的品牌才能最终胜出。

地方特色也将扮演重要角色。这也是现代金酒篇章中最为浓墨重彩的一笔。酿酒师正在寻找独具地方特色的植物和饮食文化，从而为他们的金酒增光添彩——对于风味的追求一直是金酒复兴的根本动力。

毫无疑问，这绝对是一个令人激动的时代。

荷式金酒回来了：荷兰品牌波尔斯与酒吧建立了密切的合作关系。

生产

市面上新兴金酒品牌虽然数目众多，但真正引起我注意的是年轻一代酿酒师对于酿制金酒的态度：他们似乎认为这是一件手到擒来的事情。事实并非如此：金酒的酿制可不是把一些有香味的原料塞到一起，然后直接蒸馏就万事大吉了。一个人对于金酒的研究越是深入，就越会发现这里面的门道之多、之复杂：你必须考虑基酒的质量，还要注意蒸馏器的形状和容积、运行速度，以及停止蒸馏收集的时机。此外，你也要时时考虑每一种植物原料的气味、这种气味是否能增加金酒的质感，还有这种气味在嗅觉和味觉上的感受如何；当某种植物和其他的植物原料放在一起时，需要了解他们之间的相互作用。如果选择使用天然原料，还需要确保不同批次之间原料的一致性。

当我向酿制普利茅斯金酒的肖恩·哈里森（Sean Harrison）请教这些问题时，他建议我去读两本书：一本是关于芳香疗法的书，另一本是关于香水的。这两本书确实教给了我不少知识，但依旧没有揭示出金酒的灵魂：金酒蒸馏师是一个处在化学和艺术交叉路口上的职业。下面的内容并不是教读者在家里制作金酒的操作指南（要我说，专业的事还是留给专业的人来做吧），充其量也只是带大家简单领略一下整个金酒生产过程的复杂性而已。

然精油的蒸馏赋予了金酒独特的风味。

精油

金酒的风味来自植物原料中的精油成分。你越是深入研究这些精油，就越能感受到它们不可思议的奇异性。

例如，杜松的特性是由主要成分（种类相对较少）和微量成分（种类很多）共同组合而成的。即使是占比只有万亿分之一的微量元素也会对杜松的整体效果产生影响。柑橘、玫瑰、松树和樟脑都是杜松含有的香气元素。大部分植物基本都是这样的。即使是柠檬皮闻起来也有橘子的味道。

在蒸馏过程中，这些香气元素在蒸发后与酒精的香气元素混杂在一起，在蒸馏器中升腾、释放出非常强烈的芳香蒸汽，而每一种不同的元素释放的节点也各不相同。这个过程有点像一个疯子驾驶四轮马车在石子路上飞驰，最终整辆马车不堪重负、被颠了个粉碎，在各种植物原料中，最易挥发的元素（最轻的）会首先释放出来，最重的元素要等到之后才能挣脱出去。同时，这些散逸的元素与其他植物中类似的成分结合，一起升腾向上。所有的一切都让金酒蒸馏的过程变得十分复杂。

植物原料

杜松（学名*Juniperus communis*）

杜松是金酒中唯一一种必不可少的核心植物原料，在欧洲、亚洲和北美各地都能见到这种植物的身影。其中，托斯卡纳和马其顿是杜松的主要产区。此外，塞尔维亚、保加利亚和斯堪的纳维亚半岛也都有种植。年份和水土差异都会影响杜松"浆果"（实际上是包裹着富含油脂种子的软鳞果）的香气。这一特性要求酿酒师需要密切注意杜松的品质和特性，以确保香气的一致性。

杜松的香气十分独特：其核心是浓郁的松香（α-蒎烯的气味），而后逐散发出柑橘、薰衣草、樟脑、松节油、混合花香、石楠、混合水果和树脂味，这种丰富的质感贯穿了金酒的品鉴全过程。

了解杜松在金酒中的作用机制可以让人更好地理解多种不同的植物原料是如何互为支持、强化又互相制约的。金酒的一切都可以追溯到杜松。没有杜松的维系，金酒就会失去质感，变得松松垮垮。

芫荽籽 (学名*Coriandrum sativum*)

芫荽籽之于杜松，一如罗宾之于蝙蝠侠，是其密不可分的左膀右臂。芫荽分布很广，从摩洛哥开始、包括罗马尼亚、摩尔多瓦、俄罗斯乃至印度都可以见到这种植物的身影。在世界各地的芫荽中，以印度产芫荽最为辛辣、摩洛哥产最为芳香。

芫荽籽发出的柠檬气味源自于芳樟醇（Linalool），与柠檬草（lemon grass）的气味相近。除柠檬香，芫荽籽还会散发出姜、百里香、花香（和杜松一样都含有牻牛儿醇geraniol）、香脂（balsam）、还有些麝香和泥土（musky earth）

很多植物原料都可以，也实际应用在金酒的生产过程中。

芫荽籽——杜松的绝佳拍档。

的气息。从这些香气中，可以管窥芫荽籽与杜松之间的联系，以及为何芫荽能给金酒添加更多的香气。

圆叶当归（学名*Angelica archangelica*）

作为胡萝卜属的一员，圆叶当归在萨克森州和法兰德斯州都有大量种植，其干燥根是金酒生产过程中常用的原料之一。当归在嗅感上给人的第一印象是如同在干燥的森林中漫步一般，是一种灰尘、泥土和木质的混合气味。这也体现了以当归作基调的作用：当归的大分子能紧紧抓住更易挥发的小分子，整合、平衡更多的香味元素，同时也能增加酒体的干爽感。

不过，当归的妙处可不止于此。再仔细地闻一闻，还能闻到松香、绿色草药和甜味，当然还有鼠尾草味，给人的整体感受就像一束穿过绿色森林的阳光。圆叶当归在很多蒸馏酒的生产中都有使用，包括霞多丽、法国廊酒和味美思。让鸡尾酒中的芳香桥梁进一步建立。一些酿酒师还使用当归籽，这让人联想到酒花带来的油润花香/柠檬的明媚感，还增添了些许芹属植物的香气。

鸢尾根（学名*Iris pallida; Iris germanica*）

鸢尾在托斯卡纳、摩洛哥、中国和印度都有种植。鸢尾根的采集需要手工完成，为了使鸢尾根中的油脂成分完全氧化，干燥时间要长达3年，只有等干燥结束、捣成粉末后方可使用。高纯度的鸢尾根油（一种浓缩精油）是香水中极为昂贵的一种成分。如同调香一样，鸢尾之所以在酿酒过程中也备受重视，与其说是因其有着异常的芳香，倒不如说其作为定香剂的作用至关重要：通过与挥发性元素结合，鸢尾花能够有效地延缓蒸发、保持气味的稳定。如果没有适量的鸢尾花和当归充当定香剂，金酒（或香水）的香气就会四处散逸。当然，鸢尾花确实有一种温和的芳香，在后调上润物细无声地冒出头来：这是一种与帕尔玛紫罗兰、甜干草和干燥土壤混合的气味。

柑橘（学名*Citrus*）

每个人都知道柑橘的气味清新、锐利而甜美，能有效地唤醒人的嗅觉、给人以活力感。这些特质使得柑橘成为了金酒酿造中不可或缺的重要元素。在柑橘广泛使用之前，金酒

生产

柠檬以及其他柑橘类水果的果皮为金酒增添了额外的香气。

的头香一般是由芫荽和杜松的前调组成的。柑橘皮的使用范围很广（偶尔也会出现使用整个柑橘的情况），其中以柠檬和橙子的使用最为常见。这些水果通常来自于西班牙南部地区。

柠檬（学名*Citrus limon*）能够迅速带来与果汁冰糕（sherbet）类似的刺激感（顺便一说，这是柠檬醛的作用），效果强烈、纯粹、直截了当。因为是挥发性的，所以效果来得快、去得也快。

苦橙（学名*Citrus aurantium*）能带来强烈、微苦的口感，为金酒的中段增加了厚度、提升了整体口感。

甜橙（学名*Citrus sinensis*）是普利茅斯金酒使用的品种，能产生带有甜味的辛辣感（毕竟是甜橙、有甜味也不足为奇），给人以余味悠长之感。

最近，葡萄柚（极致的新鲜与甜味）、普通柚子（与葡萄柚相比更温和）、佛手柑（强烈的酸甜味，有着与芫荽类似的花香气息）、日本柚子（大量强烈的香气）和青柠都被应用在了金酒的生产之中。就化学成分而言，青柠与杜松子之间也有着诸多相似之处。因此，在调配金汤力时，用青柠的效果也很出色。

甘草根（学名*Glycyrrhiza glabra*）

甘草根主要产自印度地区，是金酒的另一个幕后英雄。经干燥碾碎后的甘草根含有的主要芳香化合物是茴香烯（参见茴香籽），但金酒蒸馏师一般会用它来提取甘草酸——一种带有甜味的化合物。由于甘草的甜度是蔗糖的50倍，而糖粉并不会受到蒸馏影响，所以这种物质能给金酒带来额外的甜度和口感上的提升：甘草酸能够软化较干的植物成分、有效提升口感。如此一来，整体的口感和甜度就能达到理想的和谐之境。

肉桂皮（学名*Cinnamomum aromaticum*）

肉桂是一种生长在越南、中国和马达加斯加的植物，这种树的树皮——肉桂皮有着强烈而又略带干涩的辛辣味，还带着些许树脂和草本气息。斯里兰卡肉桂的气味更加温暖而甜腻，比较容易辨认。肉桂的香气主要都集中在中调、对于整体的花香气味有一定的提升效果。

巴旦木（又名扁桃，学名*Prunus dulcis*）

金酒蒸馏师主要使用两种类型的杏仁。比较传统的是苦巴旦木，带来的是一种独特的杏仁糖味，还有微妙的坚果味以及些许樱桃味。甜巴旦木给人一种蜂蜜的味道，能够增加口感的绵柔程度。巴旦木在地中海、北非和加利福尼亚都有种植。

香料

茴芹（学名*Pimpinella anisum*）

正是茴香烯这种化合物赋予了茴芹独特的"甘草"气息（虽然甘草味并不强烈）。拥有类似香气的还有小茴香籽，相比茴芹有着更多的柠檬前调。一些金酒酿造者也会使用更为温暖而辛辣的八角茴香（学名*Illicium verum*）。

小豆蔻（学名*Elettaria cardamomum*）

绿豆蔻高度芳香的种子主要来自印度迈索尔和马拉巴。后者带来的是桉树、近乎于薄荷的气味；而因为含有芳樟醇（linalool）的缘故，迈索尔绿豆蔻给人的感觉更多的是一种温暖、芳香的柠檬——花香味。这是另一种既能关联又能延伸的草本植物，不过需要控制用量。黑豆蔻的烟熏味更重，因此很少用来给金酒调味。

用于金酒调味的小豆蔻是在印度手工采摘的。

荜澄茄（学名*Piper cubeba*）

作为胡椒科（胡椒属）的一员，荜澄茄生长于爪哇。其果实有着与黑胡椒相同的辛辣和热感、但与黑胡椒相比，荜澄茄还有更多花香、尤其是玫瑰的气息（要归功于香叶醇），此外还有些许柑橘味和明显的热感。再加上些松香，荜澄茄带来的香气堪称完美的协奏曲、让口感更加新鲜活泼。

姜（学名*Zingiber officinale*）

姜的香气熟悉而富有厚度，能带来提神和干爽的感觉、同时让香气更加绵远悠长。

天堂椒（又名非洲豆蔻，学名*Aframomum melegueta*）

天堂椒原产于非洲西部，是一种姜科植物。香气上有助于提升芫荽的柑橘——辛辣气味。天堂椒也有着与小豆蔻类似的薄荷——柑橘的温和香气。此外，天堂椒甚至还有些薰

眼下越来越流行在酒类生产过程中适用接骨木等花朵作为植物原料。

衣草的味道——这一点和杜松相仿。

肉豆蔻（*Myristica fragrans*）

肉豆蔻是一种特色鲜明的暖性香料，其化学成分里含有蒎烯——小豆蔻和肉桂也都含有这种成分。

草本和花朵

月桂（学名*Laurus nobilis*）

一些美式金酒开始使用这种常见的厨房调味料。月桂有一种独特的辛辣味，此外还带有淡淡的松木香和丁香的味道，与杜松的树脂气味搭配堪称相得益彰。

洋甘菊（学名*Anthemis nobilis*）

因为能够扩展花香类金酒的香气维度，洋甘菊在金酒中的使用越来越广。干燥后的花朵能带来令人难忘的厚重前调，有甜干草和苹果的气息，营造出夏日午后的昏昏欲睡之感。

接骨木花／果实（学名*Sambucus nigra*）

这是另一种越来越受欢迎的植物：干燥后的花朵能给金酒带来蜂蜜香气，而它的果实也被用在美式金酒的生产过程中。

天竺葵（学名*Pelargonium*）

天竺葵叶的香气含有菠萝、柠檬、薄荷，还有香叶醇产生的绿色玫瑰气味。这一化合物也存在于包括杜松子在内的许多植物中，而这些植物大多都是用来生产金酒的植物原料。天竺葵的气味主要集中在金酒的中调。

啤酒花（学名*Humulus lupulus*）

在古老的荷式金酒配方中，啤酒花常用来提升整体的香气。这种开花植物有120个品种，其香气从柑橘到混合水果，从青草和松木香。啤酒花的气味一般集中在金酒的前调。

绣线菊（学名*Filipendula ulmaria*）

绣线菊的香气温和，但颇有穿透力，带着一点杏仁的味道，偶尔还掺杂着一丝冬青的气味。这种多年生草本植物的前调就像热黄油和蜂蜜的混合。

法律规定

金酒必须是使用杜松和其他植物成分调味的酒精乙醇酿造的，其主要风味必须是杜松风味，且装瓶时酒精浓度不得低于37.5%。

金酒

特指在酒精中加入天然香料或法律允许的人工香料制成的金酒。对着色或增甜没有限制。

蒸馏金酒

特指使用中性酒精与法律允许的天然或人工香料重新蒸馏制成的金酒。蒸馏结束后，可额外加入更多与此前使用成分相同的酒精、可加入其他法律允许的天然或人工香料。允许进行着色和增甜。

伦敦金酒/伦敦干型金酒

特指在传统的蒸馏器中，在仅有天然香料存在的情况下，通过重新蒸馏高等级的酒精，使其酒精浓度至少达到70%。蒸馏结束后可再加入酒精，但其成分必须与之前使用的一致。不允许进行任何着色或增甜。

美式金酒

在美国，金酒可以"通过麦芽浆蒸馏或再蒸馏，或将酒精与杜松和其他芳香剂混合，或使用这些材料的提取物制成。其主要风味须来自杜松果，装瓶时酒精浓度不得低于80°（美式度数，等于酒精浓度40%）"。

拥有原产地保护标签（PGI）的金酒

梅诺卡岛的马翁金酒和立陶宛的维尔纽斯金酒拥有受保护标签（PGI）。普利茅斯金酒的原产地保护标签于2015年失效。

荷式金酒

特指使用酒精/谷物酒/杜松调味蒸馏酒（杜松味不一定是主要风味）调制而成的金酒。所使用的木桶容积不得超过700升。

谷物金酒

特指由100%纯谷物酿造的金酒。

传统荷式金酒

特指每升酒中至少含有15%的麦芽酒含糖量不超过20克的金酒。

科伦金酒

特指至少含有51%麦芽酒的金酒。

传统谷物金酒

特指由100%纯粮食酿造、且陈酿至少1年的金酒。

荣格金酒

特指每升所含麦芽酒不超过15%、含糖量不超过10克的金酒。

以下产区也有自己的原产地命名监管（AOC，appellation d'origine contrôlées）：哈瑟尔特产区、巴勒海姆产区、派克特产区和欧德弗兰德产区（比利时）；法兰德斯地区阿图瓦产区（法国）；东佛里斯兰省科恩纳弗产区（德国）。

金酒的蒸馏

....

"酿出金酒的关键不是物化知识，而是匠人的心。"

——肖恩·哈里森（Sean Harrison），普利茅斯
金酒首席酿酒师

电子音乐术语ADSR（attack decay sustain release，即起音、衰减、延音、释音）描述了一个音符从开始到结束时的振幅变化。ADSR也可以用来概括金酒的酿造过程：每种单一成分像音符一样源源不断地汇入酒体的香气中，共同组成了华丽的乐章。

当你闻到一股酒香时，最先闻到的是挥发性的柑橘气息，之后是杜松、香料的味道，最后是根茎的气味。实际上每一种植物的特性也会受到其他植物成分的影响，最后重叠在一起，如同和弦一般，而非只是单个的音符简单拼凑在一起。为了让每一种植物香气都能充分浸入，蒸馏的过程往往十分漫长。

蒸馏开始后，需要弃去含有上一次蒸馏残渣的头液。随后酿酒师开始收集蒸馏中心液（更轻更锐的香气靠前，更重更钝的香气偏后）。在香气变得太过油腻前、或者在适合金酒的完美平衡点上，酿酒师会停止收集、截下蒸馏尾液（即蒸馏结束时不需要的部分）。这些尾液与头液混合后可以出售给香水厂、制醋甚至是防冻产业。

酿酒师不仅要考虑金酒的整体平衡，还要考虑每种植物成分与其他成分之间的相互作用，这些因素影响着香气的长度、特性和变化。任何一项植物成分比例的改变都会影响到酒体的复杂平衡，一如佛家强调的"万物一体"原则。植物成分混合的作用方式决定了蒸馏的方法，包括蒸馏的速度快慢，以及切分的时机。

杜松是金酒的核心。柑橘皮和芫荽籽支撑着杜松前调里的柑橘气息，当归贡献了中调的松木香、温暖的尾调由香料和木材共同组成。正如在必富达任职的戴斯蒙德·佩恩所说，杜松的作用"就像画布上的底色一样重要"。

所有这些都是天然的植物成分。杜松中的杜松油不尽相同，不同环境长出的芫荽籽存在差异，柑橘皮的香味强度也

生产

会有所不同。因此，酿酒师需要时刻注意调整配方，从而保证不同批次的一致性。这一点是无法通过电脑完成的。

金酒的酿酒师可不简单：他们不仅熟知各种植物本身的气味、同时还了解这种植物与其他成分混合之后的气味表现；此外，不同植物的味蕾触感和调配混饮的方法对他们而言也都不陌生。这些酿酒师堪称金酒酿造的幕后英雄。

基酒

大多数金酒都是由基酒再蒸馏酿成的。基酒本身的酒精浓度很高（约为96%），一般会加水将浓度稀释至60%。金酒选用的基酒并不是真正的中性酒，所以对于之后的酿造有一定的影响。不同类型谷物酿成的基酒略有差异，但大体上都给人一种圆润、奶化柔和的口感。使用苹果、土豆或葡萄酿造的基酒往往在香味上更胜一筹。一些新晋的金酒品牌使用的基酒由低强度壶式蒸馏法酿造而成，对于风格的影响更为明显，酿成的金酒往往具有鲜明的"荷兰风味"。总而言之，选用的基酒不同，金酒也会随之发生变化。

壶式蒸馏法

大多数金酒都是在铜制蒸馏壶中与植物材料经过再次蒸馏酿制而成的。蒸馏容器的形状对于酿造也有影响，顶空（指液体和冷凝器之间充满蒸汽的空间）会影响风味物质上升、移

金酒是由中性蒸馏酒为基酒，在蒸馏壶中与植物成分重新蒸馏后制得的酒。

动、恢复成液体状和再蒸馏（即我们熟知的回流）的方式。如果酿酒师选择了一个新的蒸馏容器，很可能就要重新调整植物成分的比例、从而保持金酒的品质和风味与之前一致。蒸馏的速度也会影响到植物油分的释放程度、流动的性质和回流的程度。如果蒸馏器的运行速度过快，就有可能导致植物油分的流失，因此，蒸馏过程越温和越好。此外，植物成分的添加方式也会影响酿成金酒的特性。

浸泡与煮沸

一些金酒品牌如必富达和希普史密斯，在蒸馏前会将植物成分先浸泡一段时间。他们认为，这样做有助于更好地将植物的油分固定、增加金酒的丰富度。其他品牌如哥顿金酒和普利茅斯金酒，只在蒸馏前加入植物成分，他们认为这有助于保持明亮的口感；长时间的浸泡会削弱杜松的前调，所以选择长时间浸泡的厂商一般会在配方中加入更多的柑橘，从而保证前调不会太弱。其他品牌，如巍城金酒，则会控制植物成分单独或组合浸泡的时长，因为不同植物油分的释放和溶解速率各不相同。

独立蒸馏与混合

一些品牌，如玛尔金酒和纪凡金酒，选择单独蒸馏每种植物（或组合蒸馏），之后再将蒸馏物混合。这些品牌声称，这样做可以使他们的产品更加一致；反对这种做法的人认为，这样做无疑是失去了蒸馏器中各成分之间的相互作用。其他品牌如添加利10号金酒，将金酒中的一种成分单独蒸馏，然后再与其他植物成分一起重新蒸馏。

蒸汽萃取

除了酒精浸泡，酿酒师也可以通过蒸汽萃取来提取精油。

马车头蒸馏器

1831年，玛丽·达金（Mary Dakin）先是在位于沃林顿的家族酒厂安装了一套柯蒂头蒸馏器、之后又装了一套马车头蒸馏器。这个酒厂就是现在的格里诺尔金酒。两套蒸馏器的蒸馏壶顶部都装有一个整流柱，有助于生产出更轻快、更干净的酒；缺点在于，这样的设计同时也滤去了大部分的植物精油。

在位于苏格兰格文的亨利爵士酒厂（Hendrick's distillery）发现的马车头蒸馏器和贝奈特蒸馏器。

生产

卡瑞恩品牌使用的果盘蒸馏法是另一种萃取香味元素的方式。

解决办法是把植物原料放在一个铜制香料篮里，再将香料篮放在整流柱后。奔腾的蒸汽将植物原料中的油类剥离，再带着这些植物油分一路向前、直到凝结。现在，部分金酒品牌仍在使用这一蒸馏技术，如孟买蓝宝石金酒。

整个铜制香料篮分成了几段，每一段都装满了所有的植物原料——体积更大的在下，更小的在上。这一方法还需要较长头段的蒸馏以保证蒸汽充足，因为植物原料只有在充分湿润的情况下才会释放油分。这一技术的支持者认为，使用这种方法蒸馏出的金酒会更有新鲜感。而反对这一技术的人称，仅使用这种方法并不能带来原汁原味的香气。

果盘蒸馏法

卡瑞恩和波尔品牌采用的是另一种技术：果盘蒸馏法。这种方法需要一个较大的蒸馏空间、将这一空间分隔成数段、每一部分都放有带孔洞的托盘，将植物原料放置在托盘上。之后再将酒精蒸汽从孔洞中引入、进行蒸馏。

其他蒸馏技法

一些金酒品牌，如植物学家金酒、希普史密斯V.J.O.P.、亨利爵士和猴王47或是采用浸泡和蒸馏技术结合酿造的，或选择将植物原料放在蒸馏酒和香料篮里进行蒸。具体到亨利爵士品牌，该酒厂拥有一个马车头蒸馏器和一个标准的壶式蒸馏器。

"一气呵成"与浓缩蒸馏

"一气呵成"式蒸馏指的是蒸馏师直接收集蒸馏的中间馏分，用水还原，然后装瓶。而浓缩蒸馏则是加入额外的植物原料，最后用酒精还原浓缩后的成分。

真空蒸馏法

早在18世纪，真空蒸馏提炼精油的技术就已经出现。但在金酒蒸馏领域，这还是一项相对比较新的技术。通过降低蒸馏器中的压力，所有成分的沸点也会随之降低、植物原料的油分也就更容易释放、避免出现植物原料被"煮熟"的情况，从而让获取的馏分更加直接而新鲜。现代的玻璃真空蒸馏器，如神圣金酒和剑桥金酒品牌所使用的蒸馏器，可以让蒸馏师更精准地捕捉到原料的全部香气成分。这两种蒸馏器

在荷式金酒的生产过程中，首先要进行的是浓醪发酵。

都是将植物原料单独蒸馏，然后与基酒进行混合。

奥克雷斯品牌用的是另一种方法：在极低的温度下，将植物原料和基酒一起进行真空蒸馏。

超临界流体萃取技术（SFE）

香水行业使用超临界流体萃取技术来分离特定的香气分子，但最早使用这一技术的是诺森伯兰的海普尔金酒厂。超临界流体萃取技术的思路是通过增加二氧化碳气体的压力、使其变成一种"超临界"的液体，作为植物原料的溶剂。之后过滤掉二氧化碳、释放压力，就可以准确地提取出高纯度的精油或特定化合物。这项技术可以精准收集一些在普通蒸馏过程中容易损失的化合物。

植物精华

有些金酒品牌会在蒸馏后额外加入天然的植物精华，如亨利爵士品牌使用的玫瑰精华和黄瓜精华。

荷式金酒的生产过程

重点在于，荷式金酒并不能和金酒划等号。就其酿造工艺而言，荷式金酒更接近于威士忌，又有着自身的特点。传统荷式金酒的酿造过程大致如下：首先，将香气浓郁、质地饱满的麦芽酒进行三重蒸馏。这种麦芽酒通常由黑麦、小麦和/或玉米以及发芽大麦混合而成。规模较大的酒商，如赫尔曼·詹森（Herman Jansen）、怀恩德·福克尼克（Wynand Focknick）、希丹的荷式金酒博物馆和比利时的菲利埃斯，则会根据不同的谷物配方生产出不同种类的麦芽酒液，供给其他规模较小的酒商使用。

先将玉米和/或小麦高温煮熟、使淀粉软化。冷却后加入黑麦。再经过一段时间的蒸煮后，加入麦芽。大麦中的酶将所有的淀粉转化为糖。蒸煮出的麦芽浆经过冷却后加入酵母，再静置发酵一周。

然后使用壶式蒸馏器（如赞德），将所得啤酒进行三次蒸馏（与麦芽威士忌的生产过程类似）。具体到赞德，该品牌使用一种水果风味、香气复杂的麦芽酒为基酒，酒精浓度约为

70%。菲利埃斯品牌选择的是另一种方法：将啤酒灌入单蒸馏柱、之后再引入壶式蒸馏器中进行二次蒸馏（类似于波本威士忌的生产过程）。采用这一蒸馏方法生产出的麦芽酒有更多面包和谷物的香气，同时酒精浓度也相对更低一些。无论采用哪一种方法，基酒的特性都会极大地影响最后生产出金酒的口感、香气和风味。

所有荷式金酒厂都在壶式蒸馏器中再蒸馏一部分麦芽酒或酒精，这次会加入植物原料——每个蒸馏厂/品牌都有自己的特色配方。

蒸馏出来的麦芽酒可以在降低酒清浓度后直接装瓶出售，或者进行进一步的陈酿。更常见的是将蒸馏酒与中性酒混合，无论是小麦还是甜菜糖蜜酿造的。荣格金酒中至少有85%的中性酒（通常含量还会更高），法律规定，传统荷式金酒必须含有15%以上的麦芽酒，但大多数酒中的实际麦芽酒含量高达40%。而科伦金酒就更夸张了。总而言之，麦芽酒含量越高、生产出的荷式金酒就越有特色。

这些混合酒可以进行陈酿，最常见的是短期陈酿，但有的陈酿时间也可以达20年之久。大多数荷式金酒都是在旧酒桶中进行陈酿的，赞德品牌使用的酒桶情况比较复杂，包括美国新造酒桶、再填橡木桶和原雪莉桶在内的酒桶都有使用。

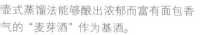
壶式蒸馏法能够酿出浓郁而富有面包香气的"麦芽酒"作为基酒。

使用指南

编纂本书的最大挑战，不在于穷尽市面的各种酒款，而在于收录得不多不少、恰到好处。现如今，市面上可供选择的金酒之丰富远远超出了历史上的任一时期。因此，本书既要介绍那些俯拾皆是的大众品牌，也不能遗漏一些小众的新兴品牌，和这些品牌各自的生产方法、原产地，以及成酒风格——无论是干型、老汤姆金酒、橡木桶陈酿、荷式金酒，都必须一一罗列。

这也不是一场比赛。单纯列出一份"最好金酒"的清单、却只字不提最佳饮用方式是毫无意义的。本书旨在评估不同品牌和品种的金酒在混饮时的表现，毕竟，混饮才是金酒天生的主场。

金酒可不只有加入汤力水制成金汤力一种饮用方法。这种酒可以与许多原料搭配、调制出许多种鸡尾酒。那么，在甜味美思和金巴利酒的双重作用下，每种酒如何应对挑战呢？在马提尼鸡尾酒中，它们又会有怎样的表现呢？享用老汤姆酒、桶装酒和荷式金酒的最佳方式分别是什么？

本书的最终目的是让读者更好地享受金酒带来的乐趣、让读者在酒吧或商店里找不到最喜欢的品牌时还能有其他的选择。毕竟，一个真正的金酒爱好者不会只选择一个品牌。为了适应不同的场合和饮品种类，选择的金酒也应该各不相同。不过在正式开始调酒之前，我们还得先了解一下金酒本身。

5* 　顶级：完美的金酒混饮配方，
　　　每个人都值得一试。

5 　　极品：优雅的搭配、轻松实
　　　现了完美的平衡，让金酒有
　　　了质的提升与飞跃。

4.5 　介于极口与优质之间的水平。

4 　　优质：不会出错的配方，我
　　　会很乐意连着喝一晚上。

3.5 　介于优质和良好之间。

3 　　良好：整体比较均衡，在喝
　　　了一杯之后，我可能还想尝
　　　尝其他饮品。

2.5 　介于良好与一般之间的水平。

2 　　一般：建议尝试别的搭配。

1 　　别试了。

X 　　完全不推荐。

　　敬请读者注意：本书给出的分数
是评价调配出的饮品、而非评价金酒
本身素质的。即便金酒在混饮组合中
的得分不高，也不能表示其本身质量
存在问题。希望读者朋友能够多参考
本书给出的小建议，最终探索出自己
喜爱和组合。

品鉴金酒

　　金酒的品鉴需要不同的方式去感受。其他蒸馏酒——例如朗姆酒或威士忌——擅长营造氛围，例如，"石楠""蜂蜜"或"热带水果"。金酒没有这样的想象空间。你所闻到的香气的的确确是来自于天然植物原料。一方面，金酒香气更为精确，但另一方面，金酒的香气也更容易让人沉浸其中。通过独特的嗅感与口感，金酒将会引领你进入一个芳香新次元。现实生活中，有多少人真正见过鸢尾花或当归呢？那些更加罕见的植物原料就更不用说了。因此，品鉴金酒带给你的是对这个世界的更多参与和理解。金酒的香气不是人工赋予、而是浑然天成的。

　　金酒嗅感上的变化其实就是静止状态下香气的变化过程，你闻到的其实是时间流逝的味道：最先闻到的永远是最易挥发的气味，之后是更重的香气分子。放松、慢慢感受这种酒的复杂性，而不仅仅是以"喝酒"的心态来体验。你感受到了前调里柑橘类香气的爆发：柠檬、橙子、葡萄柚，或这些水果果味的组合。但芫荽籽在哪里？杜松呈现出怎样的气味？各类植物根茎和香料的味道又在何时出现？这是一种鼻后嗅觉带来的体验。换言之，当金酒在你口中时，更多的香气也会随之出现、冲击着你的感官。现在，你可以更清楚地感受到一种香气是如何融入另一种香气的过程、它们是如何起伏波动的。

　　这一切的关键在于平衡，而不是突兀的从一种气味转变成另一种气味。不妨仔细想一想，这种气味的质感如何：是厚重、是宽广、还是轻盈？如果在酒杯中静置一段时间，这种气味是否会发生变化，或者干脆不翼而飞了？（香气应该有一定的持久性）。最后，应该选择杜松味、柠檬味、辛辣味、花香味还是草药味？对不同种类金酒的了解，才是你好好享受它们的基础。

风味营

每种金酒都是与众不同的。当然，根据其相似的特征和品质，也可以对金酒分类。这样的分类可以方便酒友找到自己喜欢的品牌，然后放心大胆地在同一类金酒之间任意切换。

金酒并不像其他蒸馏酒那样有着明晰的定义和区分。其复杂性决定了不会（或者说不允许）有一种气味一枝独秀、而其他气味却只能沦为陪衬。相反，金酒有一种迷人的莫尔效应。即使杜松味比较突出，你也不能完全忽视柑橘或根茎的气味。因此，有时我也会给出第二个限定术语，来更准确地描述一类金酒的特殊风味。

杜松

这类风味的金酒是最传统的金酒，当然，有一部分是新品牌。主打这一风味的金酒会着重展现杜松的气味，香气的前调以松香、石楠和薰衣草的香味为主，并一直贯穿整个品味过程。如果你想要了解金酒的起源、想要感受杜松的气味，建议从这类金酒开始尝起。

柑橘

从19世纪中晚期开始，柑橘类果皮开始广泛应用，最典型的柑橘风味金酒大都是那一时期出现的，当然，也不完全局限于那个时代。柑橘香气比较突出，但芫荽籽和杜松的气味也比较明显。相比于清新淡雅，这一类金酒更加强调口感的鲜活。

辛辣

辛辣风味金酒是一种更现代的风味类型。在这类金酒中，芫荽籽的胡椒气息相当突出，类似的原料包括肉桂/肉桂皮和花椒的特性也是如此。相比之下，这类金酒中杜松的味道就淡了不少。

花香

作为一个重要的新兴金酒风味，花香类金酒有着香水般的芬芳，这种芳香有时来自于植物原料中的花朵，有时是因为缩减了杜松和根茎类原料的数量——有时气味已经少到闻不出的地步。带有草本元素的金酒，虽然口感上稍显厚重，但也属于这一类型。

其他/未分类

像老汤姆、橡木桶陈酿金酒、风味金酒和荷式金酒这样有着自身独特风格的金酒，本书未进一步分类。

作为混饮之王，一款尼格罗尼鸡尾酒必须永远保持优雅的均衡。

尼格罗尼配方比例

有人认为，现有鸡尾酒的配方和比例堪称金科玉律。那么，为何还要尝试去改变一些几近完美的事物呢？因为这才是人的本性。当然也是为了调整丰富度和平衡性的需求：这两方面是任何混合饮品都必须遵循的两大基本原则：

尼格罗尼是一种以金酒为基酒的混饮。同时它还有许多个性鲜明、特征突出的酒类原料，组合之后堪称是一场酒吧歌曲大串烧，每种酒或许很有娱乐性，但与理想的平衡之间还有一段距离，只有学会把声音压低一点才能唱出和谐的合唱。要达到这种平衡与和谐绝非易事。

有的口感厚重，有的柔和。在经典的比例下，添加利金酒可以较好地保持自己的风格，而像孟买蓝宝石这样更加精致的金酒就会失去自身的优势。因此，需要灵活地调整比例，才能调制出更加均衡而优雅的金酒饮品。

本书中所有的比例为金酒：味美思：金巴利酒三者的比例。

N1

1：1：1 这种经典的比例非常适合杜松风味的金酒，因为这一类型的金酒要么足够强烈、可以保持自身特点不被篡改，要么可以迫使其他酒类改变特性、加入其中。

N2

1½：1：1 这一比例适合柠檬风味的金酒（以及一些个例）。该配比的精髓在于能够很好地保留和突出柑橘类金酒里新鲜的口感和前调。

N3

2：1：½ 这一比例对于辛辣/草本风味金酒来说是很合适的，能够很好地放大中调的感受。不过金巴利酒的含量要适当调低，否则香料气味和苦味会冲突、降低质感。

N4

2：1：1 这是清淡、花香类金酒的合适比例。金酒元素加大了。虽然增加金巴利酒似乎有悖于调酒的直觉，但在这里，金巴利酒的增加有助于平衡前调。

使用指南

混饮

汤力水

    菲亚梅塔·罗科（Fiammetta Rocco）在其著作《神奇自
芬味树》(*The Miraculous Fever-Tree*)中指出，奎宁是"玑
代世界上第一种真正的药物"。17世纪30年代，奎宁从秘曾
金鸡纳树皮中提取出来，最初以粉末形式加入酒中服用、可
以治疗发烧。一个世纪后，人们将奎宁配置成酊剂服用，这
种物质也一度被誉为包治百病的万能神药。1809年，在拿
破仑战争期间，一支英国远征队在荷兰的瓦尔赫伦因染上疟
疾丧失战力。这一事件表明，军队有必要日常携带奎宁、以
备不时之需。1823年，总部位于费城的罗斯加藤父子公司开
始以药片的形式大规模生产奎宁提取物，供疟疾区的工人服
用。然而，英国陆军坚持使用液体形式服用奎宁。到了19世
纪50年代，印度的驻军用糖和金酒来抑制奎宁的苦味。为
了顺应这一趋势，1858年，伊拉斯姆·邦德（Erasmus Bond
制造了第一款商业化的奎宁水，20年后，雅各布·施韦普
(Jacob Schweppe)紧随其后，也开始了奎宁水的批量生产。

    随着混合饮品的流行，汤力水里奎宁的含量也越来赳
少、只是作为调味剂而存在。为什么直到20世纪60年代，金
汤力仍然是专属于英国人的饮料？也许就是因为美国人更习
惯以药片的形式服用奎宁。

    对我来说，芬味树品牌的汤力水是金酒的绝佳拍档。这
款汤力水的奎宁成分来自卢旺达/刚果边境，苦橙来自坦桑
尼亚。此外，芬味树汤力水采用天然糖、而非阿斯巴甜或糖
精来增甜，口感非常顺畅。这是一款有着淡淡的柠檬味、干
净而平衡的混饮饮品。

西西里柠檬水

    西西里柠檬水是小众选择？不妨听我说完。我一开始喝
的是金酒和怡泉品牌的苦柠汽水。在西班牙，我发现了金酒
搭配芬达柠檬汽水饮用的乐趣。之后，我又喜欢上了使用新
鲜柠檬汁简单调配而成的金酒饮料。经过对每种饮料的优点
再三比对发现，芬味树的西西里柠檬水位于中心：比芬达更

芬味树品牌的汤力水在气泡感、甜味与
奎宁味三者之间取得了微妙的平衡，堪
称典范。

使用指南

酸，比苦柠汽水更有柠檬味，比果汁更柔和。OK，就是它了。

味美思

我把味美思和金酒看作是爱因斯坦"超距幽灵作用"理论的一个实例。这一理论认为，两个光子虽然相距千里，却有着密切的联系，当一个光子发生移动时，另一个光子也会随之移动。不知最近味美思的繁荣是因为金酒的崛起，还是因为人们对清淡开胃酒的渴望？也许两者都有——不管怎样，这是一个非常受欢迎的趋势。味美思的精神发源地是皮埃蒙特地区——特别是都灵——从16世纪开始，那里的艾草浸泡葡萄酒（又称"希波克拉酒"）就成了一种特产。尽管中国古代青铜器内发现的残留物表明，使用草药和香料加香的葡萄酒至少有3000年的历史了。现代味美思的历史可以追溯到1786年，都灵的安东尼奥·卡帕诺（Antonio Carpano）推出了第一款现代意义上的味美思。而随着时间的推移，这种酒越过阿尔卑斯山、来到了尚贝里和罗纳河南部。1813年，约瑟夫·诺瓦丽（Joseph Noilly）开始制造法国版本的味美思。到了19世纪中期，味美思开始出口，不过在美国，这种酒仍然是一种相当小众的选择、直到调酒师开始拿它来调酒。与金酒搭配后，味美思彻底改变了金酒的发展。如果没有彼此，这两种酒只是地区特产；但两者携手后，征服了整个世界。

味美思是用酒精强化的基酒加入植物原料（必须包括艾草）制成的。每个生产商都有自己的独门配方，其中常用的植物原料有以下几种：当归、茴香籽、菖蒲、小豆蔻、丁香、接骨木、玄参、龙胆、柠檬薄荷、甘草、鸢尾根、大黄、迷迭香、香草和黑香豆。难怪味美思和金酒搭配的效果这么好。味美思不仅与金酒结合紧密，还贡献了额外的甜味，减轻了蒸馏酒的烈度，同时又增加了金酒的冲击力，堪称一加一大于二的合作典范。

如今，味美思的品种已经非常丰富，足够让你随意选择并调制不同的饮料用来搭配金酒。但请记住，味美思本质上还是一种酒：会氧化，所以请务必置于冰箱中冷藏，避免储存太长时间。

甜型

柯奇斯托里克曾用于这个版本的所有饮品。这个品牌是由朱利奥·科奇（Giulio Cocchi）于1891年在意大利阿斯蒂

芬味树品牌的西西里柠檬水是一种相当百搭的调酒饮料。

对于干型马提尼的调制而言，诺瓦丽·普拉是非常合适的一款味美思。

在一切尼格罗尼类饮品中，金巴利酒是最有激情的一种。

创立的，该品牌的斯托里克都灵印象味美思以名贵的莫斯卡托葡萄酒为基酒，使用改进后的公司原始配方制成。其香气组成非常复杂，有可可、薄荷、塞维利亚橙、肉豆蔻、生姜和丁香，艾草、龙胆和大黄带来的经典的苦甜参半的气味埋藏其中。整体口感绵长而富有层次感。

此外，夏莱特罗索雷吉纳味美思（Chazalettes Rossa della Regina）与卡帕诺品牌的古老配方味美思（Carpano Antica Formula）也都在我的推荐酒单之中。这两款酒均为经典的都灵式味美思，香气馥郁、耐人寻味。同时，有着丰富酿酒历史的西班牙也开始掀起了品鉴味美思的热潮。西班牙味美思中，首推卢士涛（Lustau）和米罗珍酿（Miró Reserva）。

干型（法式）味美思

诺瓦丽普拉经典干型味美思保持着经典的地位，可以和所有马提尼酒搭配，当然，口感更加酸甜的维雅特级干型味美思和法国园林特级干型味美思也都有着不错的表现。诺瓦丽的基酒是匹格普勒和克莱雷两种葡萄酒的混合，需要先在大酒桶里陈酿，然后在户外经过一年的风化和氧化，再进行酒精强化，最后再慢慢加入20种植物成分。这种味美思有着类似洋甘菊/接骨木的花香气味，还有草本、矿物、杏仁的味道，整体的酸味和苦味控制得非常均衡。

金巴利酒

19世纪60年代，意大利皮埃蒙特地区的诺瓦拉（Novara），加斯帕雷·金巴利（Gaspare Campari），又一个与金酒之间有着"超距幽灵作用"（spooky action）的人，首创了这种颇具传奇色彩的开胃苦精。起初，这款酒被称为"荷兰式苦精"。金巴利酒的配方是严格保密的，先将植物成分在水和酒精中浸泡，再进行增甜和着色——早期用的是胭脂红染料。金巴利酒先是与阿玛罗味美思混合，调制成都灵——米兰开胃酒，又与马提尼罗索酒混合制成米兰——都灵鸡尾酒，之后还与苏打水混合、制成美式鸡尾酒。1920年，卡米洛·尼格罗尼伯爵走进了卡索尼酒吧，揭开了尼格罗尼发展史上崭新的一页。它的味道浓郁而苦涩——也许是因为加入了龙胆、菖蒲和当归的原因，还有类似佛手柑的味道。宜人的柠檬甜味软化了舌尖上集聚的苦味，整体非常均衡。

使用指南

还记得金汤力吗？一种金酒饮品。

调酒配方

金汤力

　　这款饮品可能是世界上最受欢迎的长饮鸡尾酒（特指放置30分钟也不会影响风味的酒尾酒）。当你微啜一口后，你能感受到奎宁的干涩，淡淡的柠檬甜味，气泡带来的诱惑感，还有金酒的香味缓缓地刺激着你的嗅觉。你难道不想马上来一杯尝尝？

　　如今，随着新一代西班牙酒友对金酒兴趣的集中爆发，金汤力的复兴也开始了。毕竟，我第一次在晚饭后喝金汤力就是在西班牙。那里的晚饭结束之后就已经是午夜了，而金汤力能很好地唤醒人的味蕾、清除里奥哈红酒带来的醉意，为接下来的夜生活做足准备。品鉴的方式也很有特色：比起英国酒馆里那种稀稀拉拉的金酒，配上蔫了的柠檬，水淋淋的、已经开始融化的冰块和大量的汤力水，西班牙的调酒师可谓友善大方，他们乐于为客人递上大剂量的金酒、辅之以适量的奎宁水和上好的硬冰。最近，西班牙调酒师会把这些都装在一只葡萄酒气球杯中端到客人面前。

　　我的配方基本保留了西班牙人的做法，不过还是稍微中和了一下。本书所有的记载示例中，汤力水和金酒的比例都是2∶1。如果读者朋友觉得效果仍然太强，可以选择适当增加汤力水的比例、将汤力水和金酒的比例调整为3∶1。西西里柠檬水的添加也可以参照这一比例进行。

　　永远记住，调酒师要做到的是延伸和强化、而非去抹杀金酒本身的某些特色。尽量使用小瓶，只有在确保可以一次饮用完的情况下才选大瓶。如果你看到某位调酒师用调酒枪，请务必制止、然后换一种饮品。

马提尼

　　本书之后还有很多关于马提尼的内容。我在接触这款饮品时，就坚信这是一款由金酒和味美思主导的混饮。鸡尾酒历史学家安妮斯塔蒂亚·米勒（Anistatia Miller）和杰拉德·布朗（Jared Brown）在《味美思及其他开胃酒指南》（*Guide to Vermouth & Other Apéritifs*）一书中指出，马提尼之所以变得越来越干，是因为人们忘记了把味美思囊括在内、任由这种酒搁置在酒架上慢慢变质。金酒与新鲜味美思的组合堪称一绝。本书所有示例中金酒与味美思的比例都是4∶1。如果味美思的效果特别突出，那么我会把这一比例进一步调整为5∶1。对于部分金酒而言，不加味美思、直接纯饮的效果更佳。

尼格罗尼鸡尾酒

不同比例的尼格罗尼鸡尾酒背后的原理已经在之前详细阐述过了。但我还没有提到的是——这一要素同样适用于马提尼——温度对这些酒的重要影响。味美思应该置于冰箱中冷藏保存，而且应该尽快饮用（建议宁买半瓶也不要买整瓶），金巴利酒也是一样的道理。理想的情况下，金酒应当在冰箱里冷藏、随取随用。温度带来的差异绝对会让你大吃一惊……也会给你的朋友留下深刻印象。

其他混饮

我也试着用荷式金酒、老汤姆金酒、桶装和水果风味金酒来调制鸡尾酒。我知道老汤姆多才多艺、适用于不同场合的饮品。但我很想看看它最原汁原味的表现，桶装金酒和荷式金酒同理（无论如何，荷式金酒都没法和干型味美思搭配着一起喝）。于是，金酒鸡尾酒、金菲士马丁内斯酒应运而生。当我发现马丁内斯酒逐渐变得完全由味美思主导之后，我就改喝赛马俱乐部鸡尾酒了。

金酒类鸡尾酒

这一类鸡尾酒品种繁多，我选择的是最为复古和简单的配方。

30毫升金酒
....
5毫升普通糖浆或鸡尾酒糖浆
....
少许安高天娜、波克尔或橙味苦精，具体多少视个人喜好而定

将所有原料置于冰上搅拌，过滤后倒入冰镇的碟形鸡尾酒杯中。

金菲士

30毫升金酒
....
1.5茶匙新鲜柠檬汁
....
1茶匙普通糖浆或鸡尾酒糖浆
....
苏打水
....

　　将苏打水外的所有原料混合后加入冰块并摇匀，过滤后倒入冰镇的鸡尾酒杯中。最后倒入苏打水。

金菲士（又称为金柯林）是一款非常清爽宜人的鸡尾酒。

马丁内斯酒

30毫升甜味美思
....
15毫升金酒
....
半茶匙马拉斯加樱桃
....
少许安高天娜、波克尔或橙味苦精，具体多少视个人喜好而定
....

　　将所有原料置于冰上搅拌，过滤后倒入冰镇的鸡尾酒杯中。

赛马俱乐部鸡尾酒

45毫升金酒
....
45毫升甜味美思
....
约2滴安高天娜、波克尔或橙味苦精，具体多少视个人喜好而定
....

　　将所有原料置于冰上搅拌，过滤后倒入冰镇的鸡尾酒杯中。

金酒面面观

一位酿酒师曾这样对我说："我是唯一知道金酒真正味道的人。"这话乍一听很奇怪，因为这位酿酒师供职的品牌是个享誉世界的金酒名牌。不过，他说的也没错：人们无论多喜欢他酿造的金酒，还是会选择用它调制成混饮饮用。金酒不是那种坐着干喝的酒——我所知道的唯一一类会干喝金酒的人就是金酒酿酒师。

　　了解每种金酒的特点是尽情享受它们的前提。有的金酒适合长饮，有的只在调制尼格罗尼或马提尼时才会大放异彩；有的适合午餐时间饮用，有的则更适合在晚餐后饮用；有开胃型金酒，也有早餐型金酒。接下来有足足125种不同的金酒在等着你去发现、去探索：每种酒都给出了多种组合方式。是时候静下心来钻研一番了。

　　在对于金酒新纪元的探索中，越来越多的金酒为了普通人在家中调制简易鸡尾酒做出了调整和优化，而非像原来一样只供职业调酒师使用——这又一次证明了金酒的世界处在不断的变化之中。

英式金酒&爱尔兰金酒

　　犹记得在天空岛上的小镇波特里，我信步走进一家酒吧，发现里面供应各式各样的金酒——种类不比威士忌少。这或多或少说明了金酒目前的发展趋势。我随后仔细观察了一番，发现这里供应的每一款金酒都是苏格兰本地的品牌。不久之后，我又在苏塞克斯郡用当地生产的金酒举办了一次品酒会，不少人提到了更多我闻所未闻的本地品牌、给出了他们的建议。同样的情况在爱尔兰也时有发生。

　　金酒随处可见，蒸馏方法也五花八门，威士忌蒸馏师、相关专家强强联手，打造出了许多酒款。当然也有金酒是根据合同代工生产的——这完全没有问题，但根据现有法律的要求、必须在包装上标明。毕竟，消费者应当享有充分的知情权。

　　很难确定各个国家出产的金酒是否有统一的风格，但我确实觉得爱尔兰生产的金酒有一种独特的强度和纯净感，与其他金酒略有不同。新型金酒的每一个从业者都在积极思考如何反应地区特色的问题，与此同时，主打杜松风格的传统金酒也在逐步回归——这的确让人感到格外高兴。

　　总之，这是一个让人眼花缭乱的好时代，有很多新的品牌任君挑选，但我依旧建议——不要忘记那些19世纪的经典品牌。它们和新品牌一样精雕细琢，整体显得平衡而复杂。凭借一如既往的高品质，这些品牌的金酒也依然是行业的标杆。

植物原料

AK版本：杜松、芫荽籽、鸢尾根、卡琳蓟根、黑胡椒、黑豆蔻、橘皮、菖蒲根、肉豆蔻、蜂蜜。

科斯蒂版本：杜松、当归根、芫荽籽、甘草根、鸢尾根、海藻、卡琳蓟根、英式覆盆子。

阿尔比基金酒
ARBIKIE AK'S, KIRSTY'S
酒精浓度43%

斯特林家族（The Stirling family）整整四代人都在苏格兰东海岸从事农业生产——他们可以按需生产各种谷物和一些由酿酒大师科斯蒂·布莱克（Kirsty Black）指定的植物原料，具体包括：蜂蜜、海藻、卡琳蓟根和英式覆盆子。除此以外，就连基酒也是他们自己酿制而成的。AK版本和科斯蒂版本使用的基酒并不相同：前者是小麦酒、后者是马铃薯酒。AK版本主打新鲜口感，有着淡淡的薄荷味、些微的杜松气息和烹煮过的甜味/蜂蜜元素。此外还有淡淡的芫荽和芹菜气味，杜松带来了些许树叶的气味、黑色浆果则带来了更加丰富的层次感。整体口感奶化柔和、带有甜味。科斯蒂版本的前调是根茎的味道，果酱元素与海藻的清香随后一起出现，最后呈现出树汁的味道。整体口感细腻、充满柑橘香料的气息、杜松的味道也随之而来。后段的舌感相当柔和，最后以草本元素的集体爆发收尾。

整体风味：果味

3.5 4	**调制金汤力鸡尾酒：** AK版本：草本气味相当明显。虽然持久性不佳，但中段口感不错。 科斯蒂版本：浆果气味占据绝对主导地位。口感干净、脆爽、有活力。余味清爽、偏干。
3.5 3.5	**搭配西西里柠檬水：** AK版本：柠檬成功引导金酒镇静下来，泥土元素带来了轻微的明亮感。 科斯蒂版本：一个大的起飞。精力充沛，是完美的调酒师。
4 4	**调制尼格罗尼鸡尾酒：** AK版本：建议使用N2比例调配。口感丰富，干型和甜型在这一组合中完美融合、让金酒可以往两个方向任意拓展，是一款相当好喝的鸡尾酒。 科斯蒂版本：建议使用N3比例调配。这一比例能更好地发挥果味元素、杜松也起到了更多的中心主导作用。整体颇有劲道，口味甜美、余味悠长。
3 2.5	**调制马提尼鸡尾酒：** AK版本：依然有泥土气息、此外新加入了柠檬元素。口感略微尖锐了些，尾调偏干、有泥土气息。 科斯蒂版本：这一组合在海藻和味美思之间形成了平衡。稀释后的口感松松垮垮，偏干的时候又有恼人的泥土气息，让人疑惑这到底是马提尼还是尼格罗尼。总之不建议尝试！

植物原料

杜松、芫荽籽、当归、橙皮、多香果、小豆蔻、肉桂、丁香、肉豆蔻、乳香、没药、杏核、柠檬薄荷、柠檬草。

巴郄工业浓度金酒
BATCH INDUSTRIAL STRENGTH
酒精浓数55%

巴郄金酒是伯恩利（Burnley）酿酒师菲尔·惠特威尔（Phil Whitwell）的心血结晶，最早是在地下室生产，目前改在兰开夏镇的哈伯格汉姆磨坊（Habergham Mill）进行蒸馏。生产空间变大的同时，蒸馏器的容量也大大增加、达到了165升之多。该公司的招牌金酒（如图所示）于2012年正式问世，工业强度版本于2018年推出。前调是香料气味的，在杜松气味中加入了柠檬香脂（melissa）。

在一片松香、鼠尾草、薰衣草和石楠组成的芬芳中，杜松的气味依然十分明显——完全不用担心会错过。此外，这款金酒还有一种甜美的、类似欧芹的植物气息；在适当的时候，你还能感受到柑橘和胡椒味的芫荽元素。在喝下第一口之前，你可能会有所准备——然而最先呈现的还是香料的气味，然后是干燥的花朵和柑橘的味道。等到其他各种元素的混合日趋登峰造极之时，杜松和伴随的元素才会出现。随着时间的推移，你能感受到更多的水果元素、尾调略带酸味，而这些元素对一款混合型金酒来说并不是一件坏事。

整体风味：杜松	
5	**调制金汤力鸡尾酒：**口感圆润、还增加了不少薄荷/柠檬香脂元素。对有些人来说可能太油腻了，适当延长之后效果更佳
3.5	**搭配西西里柠檬水饮用：**口感饱满、没有明显的杜松气味主导，但最终效果依然显得有些僵硬和柠巴。
5*	**调制尼格罗尼鸡尾酒：**建议使用N1比例调配。整体偏干、复杂性一流。既保持了金酒本身的特色、又有足够的灵活性来随机应变，呈现出柑橘、甜味以及杜松元素。优秀。
5*	**调制马提尼鸡尾酒：**如果喜欢简约的马天尼，那么这一组合的香气绝对不会让你失望。口感丰富、有延展性，呈现出温暖的香料气味和复杂的层次感。

金酒面面观

植物原料

杜松、芫荽籽、甘草根、鸢尾根、塞维利亚橙、柠檬皮、苦杏仁、当归根。

必富达金酒
BEEFEATER
酒精浓度47%（出口版本）

　　詹姆斯·伯劳（James Burrough）原本是一名药剂师，1863年，他买下了约翰·泰勒（John Taylor）位于伦敦市中心切尔西卡尔街的金酒厂，并于1876年正式成立必富达品牌。自1958年该公司的兰贝斯酒厂关闭后，必富达品牌一直在肯宁顿生产金酒——那里离伦敦椭圆板球场（The Oval cricket）很近，你甚至可以感受到板球场发球时的震动。

　　必富达金酒是一款柔和而复杂的金酒。杜松与松子的香气交融，而芫荽与果皮的柠檬香气也相得益彰——此外，你还能时刻感受到强烈的新鲜感。当归花增添了淡淡的酒花气息，干爽的口感则与酸度完美平衡，此外还有着持续的杜松气味。这是一款完美的金酒，特别适于带着夏日的美好回忆、在午餐或傍晚时分饮用。如果你能找到这款金酒的出口版本（酒清浓度为47%），请一定选择出口版本、而非酒精浓度为40%的标准版本。

整体风味：柑橘/杜松		
5	**调制金汤力鸡尾酒：** 保留了金酒的新鲜感以及恰到好处的酸度，给你一个干净利落的口感。奎宁味也不显得苦涩。这是一款能让你轻松乐享的好饮品。	
5*	**搭配西西里柠檬水饮用：** 正如你所期望的那样，调出的饮品有着特别强烈的柠檬气味、就像是一棵硕果累累的柠檬树一样。柠檬水的效果很好，香气持久、令人满意。	
5	**调制尼格罗尼鸡尾酒：** 建议使用N2比例调配。这一比例有助于保持金酒本身的烈度，而杜松则与味美思一起作为后调完美呈现。口感纯净、富有草本气息，厚重而多汁。堪称典范的搭配。	
5*	**调制马提尼鸡尾酒：** 恰到好处的油润和优良的平衡感。杜松的味道在一开始时显得厚重，但胜在有足够的柠檬味来平衡。口感清爽而洁净，适于在午餐时间/傍晚时分饮用。	

植物原料

杜松、芫荽籽、当归籽和根、塞维利亚橙、柠檬皮、甘草根、苦杏仁、鸢尾根、葡萄柚、日式煎茶、中国绿茶。

必富达24号金酒
BEEFEATER 24
酒精浓度45%

这是一款将金汤力变成金茶酒（gin and tea）的奇妙酒款。必富达的蒸馏大师戴斯蒙德·佩恩以经典的必富达金酒为蓝本（虽然具体比例不同），加入葡萄柚皮、日式煎茶和中国绿茶。这对于酒的生产提出了很高的要求，因为茶叶很容易在加工过程中变糊。总之，这款必富达24号金酒口感新鲜而复杂，带有柠檬气味。葡萄柚的甜味精准地在塞维利亚橙的气味出现之前爆开、进一步提升了口感。

杜松带来了松木香，而青草的味道则来自于日式煎茶。水的加入微妙地带来些许芹菜和植物根茎的温和气味。整款酒的口感成熟、微妙、余味悠长，茶香在舌中显现出来。这绝对是一款非常值得推荐的新兴金酒。

整体风味：柑橘	
4	**调制金汤力鸡尾酒：** 芳香、清凉，非常有夏日风情，是一款清新的午后特饮。
4	**搭配西西里柠檬水饮用：** 还想要更多的柑橘香气？西西里柠檬水绝对能满足你的愿望——但很容易添加过度——但柠檬/葡萄柚的加入实现了很好的平衡。
4.5	**调制尼格罗尼鸡尾酒：** 建议使用N2比例调制。这一比例下，你能感受到茶叶带来的新鲜的绿植/青草气味，同时显著提升舌中的香气。金巴利酒的剂量可能还需要略作调整，但不调也无伤大雅。
5	**调制马提尼鸡尾酒：** 茶香再次出现——新鲜的绿色植物气味与味美思的草本味紧密联系在一起，非常协调。建议使用5:1的比例调制，否则这种协调性就会消失。

金酒面面观

植物原料

杜松、芫荽籽、当归根、鸢尾根、甘草根、小豆蔻、甜橙皮、苦橙皮、柠檬皮、柠皮、葡萄柚皮、肉桂、小茴香籽、丁香、杏仁、接骨木花、亚历山大籽、香车叶草。

贝丝的复仇金酒
BERTHA'S REVENGE IRISH MILK
酒精浓度42%

贝丝（Bertha）这个名字来源于世界上最长寿的一头奶牛——享年48岁，在39次生产后去世。知道这一点后，你可能会觉得比起贝丝的复仇，贝丝的安息（Bertha's Deserved Rest）可能会更合适一些，毕竟这头辛勤劳作一辈子的奶牛实在不像是一头时刻记仇、伺机报复的动物——这款金酒也是如此。这是一款宁静祥和的金酒，甚至还自成一派、开拓出了一个崭新的类别：以乳清酒为基酒的金酒。这一灵感来源于东科克巴兰利沃之家酒厂的贾斯汀·格林（Justin Green）和安东尼·杰克逊（Antony Jackson）。贝丝金酒的口感没有明显的乳酸气味、前调稍显锐利，厚重的小茴香和芫荽的气味随后出现，进一步强化了果皮带来的柠檬和柑橘气味。杜松并不介意被香料的气味盖过，小豆蔻的气味也因此更为明显。整体口感颇为厚重，香料就像篝火之夜的烟火一样噼啪作响，而杜松的气味却隐匿在远处的雾霭中，不是非常突出。

整体风味：辛辣	
3	调制金汤力鸡尾酒：嗅觉上有大量的小茴香气味，口感比较平衡，特别适合在伊朗餐厅佐餐。
2	搭配西西里柠檬水饮用：你可能想当然的认为，小茴香、芫荽和柑橘元素会结合在一起。而遗憾的是，这一切并未发生。
4	调制尼格罗尼鸡尾酒：建议使用N3比例调配。香料的气味尚未散去、金巴利酒就匆匆加入了舞台。你可能会觉得这款鸡尾酒显得有些内敛，但整体效果是不错的。
3	调制马提尼鸡尾酒：一款辛辣口味的马提尼鸡尾酒。整体还是值得一试的，建议尽可能保持干爽的情况下饮用。

金酒面面观

植物原料

杜松、芫荽籽、鸢尾根、当归根、甘草根、柠檬皮、苦橙皮、肉桂、小豆蔻、多香果、苦杏仁、柠檬草。

黑水5号金酒
BLACKWATER NO.5
酒精浓度41.5%

2015年，爱尔兰威士忌历史学专家(兼电视节目制作人)彼得·穆里安（Peter Mulryan）创办了黑水金酒。彼时的爱尔兰金酒蒸馏业在沉睡多年后刚刚苏醒，位于西沃特福德的黑水品牌快人一步、开始营业。这款金酒选用的植物成分可不简单，使用的香料可以追溯到19世纪时期沃特福德香料商人所用的配方。和贝丝的复仇一样，这款金酒也是以乳清酒为基酒，选用的植物性成分经过单独蒸馏或者分组蒸馏，直至最后才进行混合。黑水5号金酒厚重多汁，前调先是呈现出果泥的气味，颇具活力的杜松元素紧随其后，带有些许矿物感。这款酒的香料元素与杜松气息平分秋色。前调虽然略带甜味，但有着绝对的爆发力。到了中段，杜松占据了主导地位，并引出了新的元素。更多的野生草本元素，如小豆蔻和多香果帮助开发新的复杂性，并在味觉上汇集。最后以浓郁的花香结束。

整体风味：杜松/辛辣	
4	**调制金汤力鸡尾酒：**力量感十足。开始时偏干，柠檬草和小豆蔻随后出现，给鸡尾酒注入了新的活力。
4.5	**搭配西西里柠檬水饮用：**小豆蔻依然是主角，但这一组合也给了柑橘元素展示的机会，口感呈现出当归和杜松的味道。
5	**调制尼格罗尼鸡尾酒：**建议使用N1比例调配。口感丰富，辛辣、热烈，还有宜人的草本/松香的相互作用，尾调集中、有力。
4.5	**调制马提尼鸡尾酒：**嗅感上给人泥土的气息，口感上却温顺得像一只小猫咪。这种干涩、带有些许泥土的特质在尾调中也得到了延续。

植物原料

杜松、芫荽籽、甘草根、鸢尾根、当归根、天堂椒、柠檬皮、香杨梅。

博雅德双料金酒
BOATYARD DOUBLE
酒精浓度46%

　　乔·麦克吉尔（Joe McGirr）在苏格兰麦芽威士忌协会和伦敦酿酒厂公司（多德金酒的生产商）工作了一段时间后，带着两重打算踏上归国之路：其一是在北爱尔兰费曼那开设合法蒸馏厂（130年来尚属首次）；其二是与当地农业生产者密切合作、打造本地特色产品。博雅德以当地种植的有机小麦为基础、以传统的地板式处理麦芽。当新酿出的酒经过浓缩后，还需要通过一个含有杜松的过滤器做进一步的处理（这是一种荷式金酒生产中比较常见的技术），因此得名为"双料金酒"。这款金酒首先需要与中性（有机）小麦酒混合，然后再将包括本地出产的香杨梅在内的植物成分加入其中，进行浸泡和蒸馏。麦克吉尔会大方而详细地公开具体的成分和百分比。

　　这是一款有劲道、口感近乎肥厚的金酒，具有鲜明的杜松特质——尽管它并不占主导地位。相反，杜松和带有树脂气息的香杨梅平分秋色——后者本来就是杜松的绝佳拍档。柔和的口感让人能够充分领略花香、草本植物和松木香的气味，整体口感浓郁而复杂。总而言之，这是一款充满费曼那本地特色的伦敦干型金酒、展现出不同寻常的魅力。

整体风味：杜松		
5		调制金汤力鸡尾酒：杜松和汤力水配合得很好，柠檬和芫荽的味道也堪称提神醒脑，整体很有力道。
4.5		搭配西西里柠檬水饮用：更加成熟而油润的组合，既体现了其他元素，又不失金酒本身的个性。
4.5		调制尼格罗尼鸡尾酒：建议使用N1比例调配。前调呈现出玫瑰花瓣、樱桃白兰地和巧克力的气味，金酒与深沉的杜松和强烈的甜味元素配合、尾调由柑橘元素主导。
5*		调制马提尼鸡尾酒：温暖的草本植物元素是这款鸡尾酒的主要基调，展现出甜美、类似亚麻籽的胡椒元素，之后又展现出近乎于新鲜柠檬的杜松元素。口感脆爽、余味悠长。它绝对是一款优秀的马提尼。

65

金酒面面观

杜松、芫荽籽、当归根、甘草根、鸢尾根、肉桂皮、杏仁、柠檬皮、毕澄茄果实、天堂椒。

孟买蓝宝石金酒
BOMBAY SAPPHIRE
酒精浓度40%

　　没有蓝宝石金酒，很难想象今天的金酒行业会是什么样的状况——肯定是相当低迷的。毕竟，就是这个品牌大胆首创了更加轻快的干型金酒，从而开启了金酒的全面复兴。传统金酒的拥趸可能会就此否定蓝宝石，但这很难称得上公允：蓝宝石金酒做了它想做的事，而且做得很好。虽然香气颇为细腻，但当你仔细品鉴时，这款金酒还是有着内敛的烈度。柑橘、胡椒、温暖的甜味香料气息最为突出，当归叶和杜松的气味若隐若现，还有煮熟的植物元素。整款酒质地精致，果皮在味蕾上爆开，简直像是操场上的小学生一样横冲直撞，让人想到柠檬芝士蛋糕的味道。时间稍久之后，胡椒的气味则会更加突出。

整体风味：花香/芳香	
2.5	**调制金汤力鸡尾酒**：干净而又非常辛辣，绿植气味浓、持续时间短。喝第二口的时候，爆开的芳香会很快消失，所以请务必短饮。
3.5	**搭配西西里柠檬水饮用**：混饮轻柔地引导着金酒、延长了香气持久度，在舌头上相当有冲击力。调制成金菲士饮用效果最佳。
4	**调制尼格罗尼鸡尾酒**：建议使用N4比例调配。这一比例让金酒在味美思和金巴利存在的前提下依旧可以尽情地展现自身特色。怡人的香气、充满异域风情的香料气味以及淡淡的胡椒味，还有些许苦味来平衡中段的甜味。
4	**调制马提尼鸡尾酒**：蓝宝石金酒的美味需要一个更干的比例，所以建议将比例调整至5:1甚至6:1会更好。这时，你可以体会到金酒的复杂性，此外，香气的释放速度也变慢了，带来了不错的持久性。

植物原料

杜松、苹果薄荷、留兰香、水生薄荷、桦木、洋甘菊、田蓟、接骨木、荆豆花、石楠花、山楂花、蓬子菜、柠檬薄荷、绣线菊、艾蒿、红三叶草、白三叶草、香芹根、香杨梅、艾菊、百里香、木香、肉桂皮、薄荷、当归、芫荽籽、肉桂皮、柠檬皮、橘皮、甘草根、鸢尾根。

植物学家金酒
THE BOTANIST
酒精浓度46%

　　威士忌酒厂酿造金酒的想法可能看起来非同寻常，但其实在业界已是数见不鲜。云顶金酒、巴门纳克和汀斯顿都是威士忌酒厂生产金酒的典型，而格文和卡梅隆桥品牌也都有自己的金酒厂。在烟熏威士忌的故乡酿制金酒略显意外，但布赫拉迪（Bruichladdich）以"进步的希比里德酒厂"为卖点，还有什么比用艾雷岛本土植物原料来酿制金酒更进步的呢？嗅感温和、丰富而油润，如同在林中漫步一般宜人——柔和的果味、厚重的花香、松木香、鼠尾草、干树皮和蜂蜜元素，然后是洋甘菊、欧洲越橘、树莓叶、野生草药和碎香料的味道，总之是非常复杂的。口感柔和，带有碎香料和轻微的巧克力味。我很期待这款酒陈年之后的变化。

整体风味：杜松/果味	
4.5	**调制金汤力鸡尾酒**：前段因为汤力水的影响略显封闭，入口后有一定改观。酒体长度不错，杜松味扎实、有一定的芳香气味。
3	**搭配西西里柠檬水饮用**：气味丰富而宽阔，表现出良好的平衡感，整体可能还是偏干了些。中段表现稍微有些刺激。
4	**调制尼格罗尼鸡尾酒**：建议使用N3比例调配。这一比例之下，味美思的浓度有所下降，让更多的香味得以显现。整体的深度、丰富度和融合度都不错。
5	**调制马提尼鸡尾酒**：非常油润，温和的味美思与更多的草本元素相结合。我建议5:1的比例，更能体现金酒本身的复杂性。

金酒面面观

植物原料

杜松、芫荽籽、当归根、橘皮、青柠皮、奶蓟。

布莱顿建筑浓度金酒/
布莱顿海滨浓度金酒
BRIGHTON GIN PAVILION STRENGTH, SEASIDE STRENGTH
酒精浓度40%/57%

　　从一家后街酒馆的酒窖开始，布莱顿金酒团队一路做大做强。该品牌的金酒一直秉承着古典的基调，只有奶蓟显示出21世纪金酒的独特性。建筑浓度金酒的嗅感非常芬芳，能隐约感受到柔和圆润的奶蓟元素。杜松让口感更佳脆爽，橙子和青柠元素相映成趣，就如同来到霍夫市的海滩一样。海滨金酒更加慵懒散漫，香气由杜松主导，整体颇为复杂，仿佛置身于周六夜晚的旅游度假胜地，海风猛烈地吹拂着。这款海滨金酒口感油润，辛辣的柑橘元素给人以能量和活力、杜松元素呈现出松木香气息、增加了气泡感，而奶蓟则让一切变得更加细腻柔和。灼热感只在最后才得以展现。这绝非是在建筑浓度金酒的基础上简单提升了酒精浓度，而是一种完全不同、充满野性的金酒：口感更丰富、更明晰、同时也更复杂。

整体风味：柑橘/杜松	
3.5	调制金汤力鸡尾酒： **建筑版本**：清新干爽，略带尘土气息、当归表现的略微突出，整体平衡性很强。
4	**海滨版本**：泥土元素得到了加强、杜松扮演了主导作用，整体是一款值得尊敬的优秀饮品—如果能稍加稀释就更好了。
3	搭配西西里柠檬水饮用： **建筑版本**：一款清新的鸡尾酒。青柠给人以浓烈的热带风情，但活力稍显不足。
4.5	**海滨版本**：柑橘类在这一组合中占据主导，杜松次之。
2.5	调制尼格罗尼鸡尾酒： **建筑版本**：建议使用N2比例调配。整体略显清淡，到中段才逐渐有了起色。
4.5	**海滨版本**：建议使用N1比例调配。植物根茎气味突出，口感干爽，层次分明。有足够的甜味和成熟度。这是一款真正的优秀鸡尾酒。
3	调制马提尼鸡尾酒： **建筑版本**：建议将比例调整为6:1。但即便如此也会失去金酒的细腻感。口感颇为惊艳，但未免过于单调了。
4	**海滨版本**：浓郁的杜松元素占据了主导地位、增加了整体的油润感。草本元素将味美思拉了进来，饮用前最好能搅拌一下。

植物原料

杜松、芫荽籽、当归根、鸢尾根、肉桂皮、苦橙皮、新鲜酸橙皮、海蓬子、荆豆花、接骨木果。

康克尔干型金酒/
康克尔海军浓度金酒
CONKER DORSET DRY, RNLI NAVY STRENGTH
酒精浓度40%/57%

多塞特郡并不以悠久深厚的酿酒历史而闻名——直到2014年，鲁珀特·霍洛威（Rupert Holloway）辞去了原本的估算师工作，一手创办了康克尔品牌。和许多新型金酒类似，这款酒在传承经典和打造特色之间找到了平衡——这款酒中的地域特色主要是海蓬子、荆豆花、接骨木果和芫荽。海军浓度版本去掉了荆豆花，进一步优化了成分配比。凭借这两款出色的金酒，多塞特郡也终于在全世界酿酒行业中占据了一席之地。

康克尔干型金酒的嗅感异常干净，前调有着柠檬、水果/花香元素，隐约能感受到浆果和煮熟果皮的气味。口感以天鹅绒般的丝滑开始，中段由杜松和香料驱动；海军浓度版本的味道更为强硬、泥土气息更浓，杜松和当归的味道也得到了明显增强。口感方面，酒体浓郁、干爽、有胡椒味、还带有些许咸味。

整体风味：果味/杜松	
3.5	**调制金汤力鸡尾酒：** **干型版本：**凉爽、轻快、活泼，是一款经典的夏日金汤力。相当值得一试。
4.5	**海军浓度版本：**酒精强度的提升和更多植物成分的加入带来了优秀的持久性和鲜明的个性特征，平衡性也相当出色。
4.5	**搭配西西里柠檬水饮用：** **干型版本：**青柠和柠檬组成了一对最佳拍档。似乎不是很有分量，但非常清凉解渴。
4	**海军浓度版本：**浓烈的酒精味不利于鸡尾酒的调制。我更喜欢用其调制金酒鸡尾酒或飞行家金酒。
3	**调制尼格罗尼鸡尾酒：** **干型版本：**建议使用N2比例调配。显得稍微有些拧巴，但整体表现尚可。
5	**海军浓度版本：**建议使用N1比例调配。坚实稳固、有力量感，是一款不折不扣的传统金酒，在这个矫揉造作的时代更是难能可贵。这款鸡尾酒有着极好的平衡性，有着浓郁的果香、杜松和植物根茎的气味，余味悠长、耐人寻味。
4	**调制马提尼鸡尾酒：** **干型版本：**效果很好的一款鸡尾酒，加入少许橄榄或者柠檬卷后饮用效果更佳。
4	**海军浓度版本：**整体非常成熟、干爽、颇有劲道。这是一款非常个性化的马提尼。

植物原料

杜松、芫荽籽、当归根、薰衣草、新鲜粉葡萄柚皮、新鲜酸橙皮、月桂、黑胡椒、小豆蔻。

科茨沃德干型金酒
COTSWOLDS DRY
酒精浓度46%

金融家丹·索尔（Dan Szor）某天早晨醒来后，百无聊赖地打量着位于科茨沃尔德住所外的麦田。突然，一个想法闪现在他的脑海中：为何不辞去城市里的工作、成为一名专职威士忌酿酒师呢？在熟练掌握威士忌的酿造技术后，酿造金酒也就顺理成章了——当然，这是后话了。科茨沃德干型金酒是一款严肃的、高品质的金酒，倾注了酿酒师大量的心血。嗅感芳香异常、充满了柑橘油的气味、薰衣草（但不是老气横秋）和小豆蔻的气息随后出现，杜松潜伏在后调之中隐藏得非常好。这款酒的风格和定位非常清晰。前调的葡萄柚与泥土元素形成了巧妙的平衡。口感轻盈油润，带着明显的胡椒辛辣味；葡萄柚的味道渐渐消失的时候，在当归元素的支撑之下、杜松猛然袭来。这款金酒的关键在于如何精准控制薰衣草和小豆蔻（这两个元素都很容易显得过分突出喧宾夺主）。

整体风味：杜松	
3.5	**调制金汤力鸡尾酒：** 相当惊艳的组合，汤力水确实强化了薰衣草的表现、金酒的干爽与之形成了平衡、带来些许微苦的元素。这款鸡尾酒适合古典金酒的爱好者饮用，随着稀释度增加、口感会更甜。
4.5	**搭配西西里柠檬水饮用：** 这款金酒始终可以在各种组合中留住自身特色。整体清爽、虽然依旧偏升，却还是让你欲罢不能。总的来说这是一款非常出色的鸡尾酒。
4	**调制尼格罗尼鸡尾酒：** 建议使用N2比例调配。你可能会下意识地认为各成分等量的效果会更好，但金巴利酒显然影响到了整体的平衡。这一比例给人一种天衣无缝的和谐之感，同时还增添了烟熏元素，整体显得非常厚重。
4	**调制马提尼鸡尾酒：** 萜烯含量高，口感厚重、油润（有很强的润泽感）。杜松在这一组合中占据了主导地位、带着淡淡的薄荷味和葡萄柚的余味，绝对是一场马提尼鸡尾酒的盛宴。

植物原料

杜松、芫荽籽、当归根、肉桂皮、鸢尾根、柠檬皮、黎巴嫩薄荷。

达菲小批量精品金酒
DAFFY'S SMALL BATCH PREMIUM
酒精浓度43.4%

　　达菲品牌的生产企业位于苏格兰凯恩戈姆国家公园的斯查萨曼莎庄园内，于2014年正式创立。美式招贴画风格的包装设计让这款酒在货架上鹤立鸡群、十分博人眼球。当然，也有人觉得太过轻浮了。不过，若是据此否定这款金酒的话未免草率，因为这绝对是一款精心打造的匠心之作。"达菲"这个名字最早可以追溯到19世纪的"daffy"一词，是当时流行的一句俚语。克里斯·莫利诺（Chris Molyneaux）是该品牌的首席酿酒师，他和妻子米尼翁（Mignonne）一起，通过对薄荷的运用，将传统金酒（典型的英式干型金酒的配方）和黎巴嫩特色进行了有机的结合。

　　达菲金酒的味道温和而醇厚，有恰到好处的杜松、些许干草和类似甘薯的元素，此外还有薄荷带来的温暖气息。口感细腻、精巧、平衡，甜美而不失流畅感，有着近乎奶油般绵柔的口感，随后逐渐变干，柑橘的气味一掠而过、香料和杜松紧随其后。最后，薄荷的味道再次出现。

整体风味：果味/草本	
4	调制金汤力鸡尾酒：一款活跃的鸡尾酒，同时也保留了金酒在纯饮时微妙与温润的口感。奎宁水带来了一种醇厚的味道，让人放松。
5	搭配西西里柠檬水饮用：植物元素喷涌而出、薄荷与柑橘达成了一种自然的和谐，总体来说这是一款十分优雅的饮品。
4	调制尼格罗尼鸡尾酒：建议使用N3比例调配。嗅感依然芳香，虽然略有削弱，但口感却变得更清晰、更有活力。低浓度的金巴利酒足以为后调增添些许酸味。
4.5	调制马提尼鸡尾酒：这一组合并没有削弱金酒本身的香气、整体非常细腻，草本/花朵元素与味美思形成了平衡。加冰冷饮时质地厚重，有着微妙的鼻后嗅感。

植物原料

杜松、芫荽籽、当归根、罗文浆果、灯笼海棠、香杨梅、山楂果、石楠、车窝草。

丁格尔原装金酒
DINGLE ORIGINAL
酒精浓度42.5%

另一家集金酒与威士忌生产于一身的新型爱尔兰酒厂是位于凯里郡的丁格尔品牌生产企业，由已故的奥利弗·休斯（Oliver Hughes）和生意伙伴利亚姆·拉哈特（Liam LaHart）彼得·莫斯利（Peter Mosley）在2012年联手建立。这三位原本是爱尔兰手工酿造行业的领军人物，而现在，他们也成了爱尔兰蒸馏酒行业的先行者。

从植物组成的角度分析，丁格尔原装金酒采用了正统和异端（爱尔兰式）相结合的方法，包括两步蒸馏法，部分植物成分在蒸馏前先浸泡，而另一些则放在香料篮中熏蒸处理。丁格尔原装金酒有着诱人的香气，其中香杨梅的树脂味（某种程度上你可以当成是桉树与月桂的混合……）最为突出，紧随其后的是杜松，给人一种略带蜡质的感觉。接下来呈现的是颇为耀眼的柑橘和丰富的果味元素，最后是高调的柠檬元素。这款金酒口感的前调是平和而油润的，随后柑橘和混合水果元素开始发力，杜松、石楠和当归也开始逐步加入到组合之中。整体口感干净强烈。

整体风味：杜松	
5*	**调制金汤力鸡尾酒：**有着很强的渗透力和复杂感，首先出现的是树脂和植物元素，中间有一个轻盈的过渡、之后逐渐转变为帕尔玛紫罗兰的味道。一款值得推荐给所有人的鸡尾酒。
3	**搭配西西里柠檬水饮用：**和金汤力的组合完全不同、出现了大量的香杨梅气味，直接导致树脂味过重。
5	**调制尼格罗尼鸡尾酒：**建议使用N1比例调配。因为重心转向了黑刺李，这一组合中出现了近乎于烟熏气味的元素。到了中段，金酒在柑橘元素的辅助下开始发力，让你能更清晰地感受到杜松和香杨梅元素的存在。整体很强劲。
4	**调制马提尼鸡尾酒：**低温状态下饮用润泽感更好。嗅感干净，有类似粉质元素的存在、还有青苹果的味道。口感稍微偏硬，不过中段有一定的软化和松动。

植物原料

杜松、当归根、酸橙皮、月桂、黑豆蔻和绿豆蔻、树莓叶、蜂蜜。

多德金酒
DODD'S
酒精浓度49.9%

这款酒在伦敦南部的巴特西区蒸馏，以19世纪早期的企业家拉尔夫·多德（Ralph Dodd）的名字命名，他的创业计划很多，其中就包括建立伦敦酿酒公司。这次创业以失败告终——多德甚至因发行可转让股份的创新概念而被告上法庭——但他的精神却一直延续了下来。因此，2013年，当全新的伦敦酿酒厂公司开始生产金酒时，他们将这款酒命名为"多德"，以示纪念。包括蜂蜜在内的大部分植物成料都在铜壶蒸馏器中蒸馏，而更精致的植物原料则在真空蒸馏器中完成冷蒸。在装瓶前，再将这两种蒸馏产物进行混合。

这款酒的嗅感是奶油味的，紧接着的是类似于紫苏叶的香气，之后是肥美的水果味。时间稍久以后，会出现微妙的杜松气味和薄荷味的冲击、伴随着些许芹菜味和甜味。这款金酒的口感非常丝滑，分散了你对前调里高亢、清新、明亮而温暖香气的注意力，主观感受就像是在松林里面吃着蘸有拉斯哈努特酱料（ras el hanout）的烤饼一样。

整体风味：杜松/辛辣	
4	**调制金汤力鸡尾酒：**活泼、甚至是天鹅绒般的感觉，带有浓郁的花香。口感开始时很扎实，但柑橘类的味道来得比杜松还要早。整体呈现出奶油和草本的气味。
X	**搭配西西里柠檬水饮用：**果皮会产生一种烛蜡味，而无论怎么调整，金酒都太过厚重了。
4	**调制尼格罗尼鸡尾酒：**建议使用N1比例调配。这一比例之下，果味异常丰富多汁，有大量的水果，杜松气味也很稳固。整体很有分量，金酒本身的奶油味平衡了些微苦涩的植物气息。
5	**调制马提尼鸡尾酒：**杜松与新鲜的果味元素相平衡，但它的奶油味使其成为一种奢华的味道。很好。

蒸馏: 杜松、芫荽籽、当归根、鸢尾根、葛缕子、小豆蔻、八角茴香、绣线菊。
蒸汽浸渍: 中国珠茶、东方葡萄柚、中国柠檬、青柠。

鹿角兔珠茶金酒
DRUMSHANBO GUNPOWDER IRISH GIN
酒精浓度43%

珠茶金酒的品牌故事是一个八十天环游地球式的探险故事——创始人不辞辛劳、遍访千山万水,在各种人迹罕至之处寻觅各种植物,然后把它们带回位于利特灵郡德拉姆山伯的谢德酒厂。这一故事的真实性尚且有待商榷,但有一点还是显而易见的:这款金酒的植物成分让酒的风格更偏向于草本和芳香元素,而非传统的杜松——当你看到所选择的香料和柑橘类水果时,对此就不会感到意外了。酒的名字来源于茶的学名,而不是形容这款酒带有爆炸性的效果。但在19世纪时,这两者是有关联的:由于那时的茶叶往往是紧紧卷起的、让人联想到火药颗粒,故而得名。

这款酒混合了石灰油、小豆蔻和奶油/香草草甸甜。杜松是一种平衡剂。口感干爽提神、芳香十足,充满了更多的异国情调,然后是青柠、葡萄柚和小豆蔻,杜松始终居于幕后,并不突出。

整体风味:柑橘	
4.5	**调制金汤力鸡尾酒:** 芳香而又不失个性。汤力水在这一组合中起到了关键作用,在配合甜味元素的同时也在一定程度上提升了口感,茶叶元素也显得更加清晰了。
3	**搭配西西里柠檬水饮用:** 一开始,金酒和柠檬水似乎在互相打量,之后一度形成了平衡,但终归是短暂的。
4	**调制尼格罗尼鸡尾酒:** 建议使用N2比例调配。呈现出近乎于炖/煮的效果,酸樱桃果酱、柑橘和烤香料。整体风味相当不错,余味是红色浆果和比较突出的杜松元素。
4	**调制马提尼鸡尾酒:** 味美思突出了金酒的草本气息,和茶叶一起增加了淡淡的植物元素。整款酒的持久性和口感都变得极富张力(而这恰恰是你需要的)。

杜松、当归根、肉桂皮、鸢尾根、柠檬皮、沙果、黑莓、英式覆盆子、越橘。

戴菲浓缩休眠金酒
DYFI DISTILLERY HIBERNATION
酒精浓度45%

　　因其具有独特的景观和动植物群体的多样性，位于威尔士中部的戴菲山谷被联合国教科文组织指定为世界生物圈保护区（World Biosphere Reserve）。皮特·卡梅隆（Pete Cameron）在这里耕耘了30余年。而在这里因地制宜、就地取材建立一家金酒厂似乎非常符合联合国教科文组织关于打造可持续发展企业的指导精神。卡梅隆熟悉各种植物，而他的兄弟丹尼（Danny）有着极其丰富的饮品贸易与经营经验。

　　这款浓缩休眠金酒巧妙地结合了当地觅取的原料和经典的金酒植物配方，尔后还要置于白波特酒桶中静置。这款金酒的嗅感柔和而复杂，前调是干净的杜松气息，而后是柔和的果味，口感有着温和的甜味，清新、干爽的元素与蜂蜜的甜味形成了和谐的平衡。这款金酒的舌感同样丰富：舌尖是草本味的，中段增加了甜味和干爽的分量感，之后逐渐向香料、松木香、石楠和略带酸涩的果味过渡。这绝对是一款复杂的、值得嘉奖的金酒，2019年的第5批尤为出色。

整体风味：芳香/果味	
2.5	调制金汤力鸡尾酒：清新、略带蜡质，中间有白色波特酒/水果元素作为点缀。整体尚可，在其他组合中会有更好的表现。
2.5	搭配西西里柠檬水饮用：其他元素过于突出，只在尾调中才能勉强窥见金酒本身的特质。
5	调制尼格罗尼鸡尾酒：建议使用N2比例调配。这一组合中，波特酒风味更清晰地显现出来、呈现出白醋栗的味道，而口感则是果仁酱、黑皮水果、樱桃和杜松的有机结合，非常宜人。整体厚重、高度平衡。这是一款非常成熟的鸡尾酒。
4.5	调制马提尼鸡尾酒：偏干却依然芬芳。白波特酒的风味巧妙在味美思与金酒之间搭起了桥梁，余味悠长而优雅。

植物原料

共29种,包括:杜松、当归根、肉桂皮、鸢尾根、柠檬皮、杏仁、甘草根、罗文浆果、玫瑰果、山楂花和果实、接骨木花、绣线菊、香杨梅、石楠、树莓叶、桦树叶、香芹根、柠檬香脂、松针等。

戴菲授粉金酒
DYFI DISTILLERY POLLINATION
酒精浓度45%

在这款金酒中,戴菲品牌的独特生物环境大放异彩、在经典的伦敦干型金酒的基础之上(杜松、鸢尾根、当归根、肉果皮、甘草根、杏仁、柠檬皮),加入了具有鲜明本地特色的植物草本和水果。最后,多达29种不同的成分共同进行静置和微调。

这一切都在品鉴过程中展露无遗。这是一款高度复杂的金酒,从第一口开始就呈现出柔和的花香和奶油的混合味道,戴菲浓缩休眠金酒中甜美的后调在这里更多呈现出的是蜂胶的味道,然后是杉木、苔藓、丰富的水果和豌豆芽的气味。总而言之,这款金酒的嗅感异常丰富,甚至让人怀疑到底是因为酒名的暗示,还是真的有蜂蜜滴到自己舌头上?当然,这款酒的口感有些黏稠,需要柑橘元素来推动,从而呈现出杜松(尽管很轻微)、肉桂皮,然后是绣线菊和夏威夷果的气味,一切如同在你的舌头上舞蹈一般鲜活灵动。如果条件允许,请务必选择2019年的第10批。

整体风味:芳香/花香	
5	**调制金汤力鸡尾酒:**各种元素都变得更加芬芳,金酒很容易就吸收了奎宁元素。杜松和香杨梅的混合较为突出,却依然保持了甜美的口感。值得推荐。
3	**搭配西西里柠檬水饮用:**在这一组合中,各种元素的搭配显得有些失序,像极了一个毛毛躁躁的年轻人。
5*	**调制尼格罗尼鸡尾酒:**建议使用N2比例调配。口感柔和,水果蜜饯的味道依然占据主导,不过更加优雅从容了。中段气味非常复杂,有着丰富的嗅感和恰到好处的苦味,颇具层次感。整体是一款非常优秀的饮品。
5	**调制马提尼鸡尾酒:**更多的是蜂胶元素,浓重的果香和花香扑面而来。随着尼格罗尼元素逐渐淡去,金酒的草本元素与味美思的前调形成了绝佳的平衡。

杜松、芫荽籽、橘皮、当归根、鸢尾根、石楠、奶蓟。

经典爱丁堡金酒
CLASSIC EDINBURGH GIN
酒精浓度43%

这款酒由著名的苏格兰威士忌公司伊恩·麦克劳德生产，仿佛是在提醒世人：苏格兰的首都也曾是许多金酒厂（大部分是非法经营的地下酒厂）的所在地。这些金酒厂生产的金酒可以算是苏格兰版本的老汤姆/霍兰德金酒。现在，尼科尔在皇家英里大道也有了自己的金酒酒厂（本书介绍的这款金酒还是在那之前生产的）。

这款爱丁堡金酒的嗅感上有淡淡的花香、酯香和果香，有煮熟的甜味/泡泡糖和柑橘气味。这款酒需要时间（和加水稀释）来表现出更多的松香以及柠檬冰糕（sherbet lemon）的气味。口感甜美，有一些树莓和樱花的味道，中调强烈而宽阔、草本元素也在中端体现出来，最后呈现的是松树和石楠的尾调。

整体风味：芳香/果味	
4	调制金汤力鸡尾酒：如果你喜欢嗅感异常芳香的金汤力，那这一款绝对是你的菜。口感偏干的金酒与汤力水配合得很好，还有额外的辛辣感，整体味道很好。
4.5	搭配西西里柠檬水饮用：呈现出鲜明的果味和辛辣味，持续性也很不错。建议长饮，轻松愉快的享受这款饮品的魅力。
3.5	调制尼格罗尼鸡尾酒：建议使用N4比例调配。这一比例呈现出树脂和轻微的胡椒味，还有些许柔和的果味作为支撑，整体是一款相当清爽的尼格罗尼酒。
4.5	调制马提尼鸡尾酒：味美思带来的淡淡果香使酒的口感更加圆润，合适的温度削减了酯类化合物的含量、让味觉更讨喜，总体效果很好。

植物原料

杜松、芫荽籽、鸢尾根、当归根、茉莉花、肉桂皮、苦橙皮、柠檬皮、葡萄柚皮。

福特金酒
FORDS
酒精浓度47%

　　西蒙·福特（Simon Ford）曾任必富达和普利茅斯驻美国的品牌形象大使多年，是一位业界传奇人物。然而在201?年，他决定放弃这一切，另起炉灶、成立自己的蒸馏酒公司——86号酒类有限公司。金酒显然是绕不开的，于是福特选择与泰晤士酒厂的查尔斯·麦克斯韦尔（Charles Maxwell）合作。首先引起你注意的必然是这款金酒的平衡性。口感厚重而集中，植物原料的调配显得非常细腻，一切都以井然有序的方式依次呈现在你面前。前调是充满活力的柑橘气味，伴随着一些活泼的、带有薰衣草香味的杜松，肉桂、茉莉花香逐一出现，显著增加了这款金酒的丰富性。口感动力十足，活泼的柑橘前调过后，口感开始偏干——但是依然非常令人愉悦。这一切都配合得非常好。

整体风味：杜松/柑橘	
4.5	**调制金汤力鸡尾酒：** 更多柑橘皮的气味得以释放出来，中段口感非常干净、持久性也不错。葡萄柚为后味增添了一丝丝的刺激感。
4	**搭配西西里柠檬水饮用：** 柠檬水的加入提升了金酒的品质——这点其实不太意外——这里的关键是中段的厚重感如何与甜味和干净清爽的尾调协调配合。
4	**调制尼格罗尼鸡尾酒：** 建议使用N2比例调配。在味美思和金巴利酒的加持下，展现出非常干净的杜松/薰衣草的气味。甜味的出现也增加了持久性和复杂性。整体是一款不错的鸡尾酒。
5	**调制马提尼鸡尾酒：** 嗅感优雅，有一些草本元素的呈现。口感干净、入口柔顺，中段直截了当。非常好喝的一款鸡尾酒。

金酒面面观

植物原料

杜松、芫荽籽、当归根和籽、鸢尾根、甘草根、苦橙皮、柠檬皮、葡萄柚皮、英式葡萄蒸馏酒。

狐狸洞金酒
FOXHOLE
酒精浓度40%

　　虽然威士忌酿酒师跨界酿制金酒、或是啤酒酿酒师转而生产蒸馏酒早已是司空见惯了，但要想找到一款根植于葡萄酒世界的金酒并不容易。2016年，狐狸洞品牌在苏塞克斯郡的伯尔尼葡萄酒庄园正式诞生，巧妙地将英国葡萄的潜力发挥到了极致。

　　狐狸洞金酒从自家和其他酒庄采收经过压榨的葡萄果肉，重新压榨和发酵、之后将酒液运送到寂静池酒厂，将酒精浓度蒸馏至85%左右、与中性酒精混合，再与植物成分混合、进行二次蒸馏。较低浓度的葡萄蒸馏酒则作为调整风味的添加剂最后加入——其成分随年份的变化而变化。

　　这里有一种波士奇的味道，同时还有淡淡的杜松和芫荽气味。相比于众星捧月的葡萄元素，其他元素都显得非常平淡——显然这也不是一款典型的伦敦干型金酒。随着时间的推移，干性元素如干树叶、松香、干梨开始出现，口感也逐渐变干。就在此时，鲜花、新鲜草本和温和的果味元素再次出现，尾调则呈现出近乎于太妃糖一般的甜蜜与绵柔。

整体风味：芳香	
4	**调制金汤力鸡尾酒：**口感轻柔而温和、后调较为集中，水果味平衡了奎宁的味道，整体效果不错。
4.5	**搭配西西里柠檬水饮用：**有类似青柠派的感觉，持久性虽不突出，但胜在中段有甜美的柠檬元素，整体还是很好喝的。
4	**调制尼格罗尼鸡尾酒：**建议使用N3比例调配。效果不错，这一组合提升了果味元素的表现，同时也带来了沾有灰尘的香料元素。口感柔而不软。个人推荐搭配阿佩罗酒和玫瑰味美思饮用。
5	**调制马提尼鸡尾酒：**如你所愿，这是一款低调、干爽的马提尼鸡尾酒，让你仿佛置身于春天一般凉爽而芬芳的夜晚，在轻声细语的味美思元素背后有一股刚劲。随着时间的推移，金酒的复杂性也得到了进一步的展现。

植物原料

由34种植物组成的保密配方。

GARDEN SWIFT

BEAUTIFULLY COMPLEX DRY GIN
DISTILLED FROM 34 BOTANICALS
PREPARED BY HAND IN THE
HEART OF THE COTSWOLDS

花园速干金酒
GARDEN SWIFT DRY
酒精浓度47%

　　有意思的是，英国几乎没有生产水果类蒸馏酒的传统，巴尼·威尔扎克（Barney Wilczak）注意到了这一点并决心亲手做出改变。自2014年以来，他一直在科茨沃尔德的卡普雷洛斯酒厂苦心钻研如何将水果变为蒸馏酒。最终，他的兴趣转向了金酒——这种有着几乎无限可能的神奇饮品。如果说威尔扎克打造的白兰地捕捉到了单一水果的灵魂，那么他生产的金酒则更进一步，让每个元素积极展现自我的同时又互相保持了紧密的配合，实现了一加一大于二的效果。这款金酒由34种不同的植物成分组成、有的置于酒液中浸渍、剩下的则置于壶式蒸馏器颈部的两个植物容器中。

　　这款金酒在前调中就展现出了一定的强度、呈现出类似于橙花油一样的气味，随后，充满了异国风情的花香和淡淡的坚果味悄然出现。这款金酒的嗅感就像走在一条花香四溢的小径上，最后消失在森林深处（泥土、地衣、苔藓和松木香气息），之后柳暗花明，又带你来到了一处香料市场（拉斯哈努特酱料、姜黄、土耳其 软糖、桑葚和帕尔玛紫罗兰的气味）。这是一款结合了现代与早期草本配方的金酒，非常诱人。

整体风味：辛辣	
2.5	**调制金汤力鸡尾酒**：明显的润泽感。嗅感略带蜡质气味，但并没有纯饮时的那种整洁干净的专注感，反而乱成一团。
3	**搭配西西里柠檬水饮用**：前调效果不错、可能更适合用来调制金菲士（详见本书第55页）。此外，你还能感受到一些带有泥土气息的香料气味，不过并不值得花大功夫去挖掘和强化。
5	**调制尼格罗尼鸡尾酒**：建议使用N3比例调配。这一组合中，金酒本身的特质得到了充分展现、同时还能与其他元素相辅相成——深色水果、干燥的植物根茎、令人垂涎的柑橘元素。口感饱满、相当辛辣，尾调呈现出大量的果味元素。
5	**调制马提尼鸡尾酒**：鲜明的的润泽感。低温饮用可以避免尼格罗尼元素过于突出。待它在口中温热之后，丰富多样的风味又会以更加有序的方式呈现。

植物原料

杜松、当归根、肉桂皮、鸢尾根、芫荽籽、丁香、肉桂、柠檬皮、橘皮、天竺葵、一种保密成分。

天竺葵金酒
GERANIUM GIN
酒精浓度44%

2009年，亨里克·哈默（Henrik Hammer）和他的父亲执着地寻找一种新的植物成分，他们觉得这种新成分的加入可以让金酒变得更完整。最后，他们找到了天竺葵叶。其实，选择天竺葵并没有乍一听上去那么离谱，因为天竺葵与杜松和柑橘都有着很多相同的香味分子（特别是香叶醇）。这款金酒由兰利酒厂生产。天竺葵以其温暖、带有灰尘的玫瑰——柠檬香气快速在前调里出现。很快，薰衣草、松香、柠檬和些许丁香的味道就出现了。关键在于这款金酒厚重有质感，有助于让植物原料的气味变得更像玫瑰。天竺葵不容易与其他原料搭配，所以平衡是至关重要的——这款酒也完全实现了平衡。口感呈现出一种清凉的新鲜感，之后杜松的力量感、胡椒和其他香料的气味一起出现。

整体风味：花香	
4.5	**调制金汤力鸡尾酒**：花香的效果很好，中段偏干的口感起到了平衡的作用。
3.5	**搭配西西里柠檬水饮用**：在较高的强度下显得非常混乱，因此需要增加持久性。加入气泡后有一定改善，但天竺葵本身不太适合与其他植物搭配。
3.5	**调制尼格罗尼鸡尾酒**：建议使用N4比例调配。柑橘元素很突出、同样明显的还有芳香气味。天鹅绒的质感略带玫瑰气息，不过很快就被大量的花香、甜味还有轻微的糖果蜜饯气味所淹没。
5	**调制马提尼鸡尾酒**：干净利落、有一种陶瓷般的清爽硬朗的感觉。有足够的新鲜感，因为温度的原因，花香并未占据主导地位。这是一款真正有品位的饮料，不需要什么花里胡哨，简单地享受即可。

植物原料

包括杜松、芫荽籽、当归根、甘草根、鸢尾根、橘皮、柠檬皮等。

哥顿金酒
GORDON'S
酒精浓度37.5%

作为英国最畅销的金酒，哥顿金酒的故事始于1769年。亚历山大·哥顿（Alexander Gordon）于伦敦南部的伯蒙德西建立了他的第一家酒厂。到了1786年，哥顿将酒厂搬迁到克勒肯维尔区的戈斯威尔路，在那里生产伦敦干型金酒（很多其他品牌的厂区也在那里）。直到1989年，酒厂再次辗转搬迁到埃塞克斯郡的兰敦。今天，哥顿金酒是由位于苏格兰法夫行政区帝亚吉欧集团旗下的卡梅隆桥酒厂生产的。1992年，其母公司将酒精浓度降至37.5%，这不仅使其与主要竞争对手的白酒度数保持一致，同时也降低了生产成本，节省出的资金还可以用于广告宣传。

以芫荽香料为主导的气味清淡干净，几乎感受不到什么柠檬元素、但有着好闻且略带油润感的杜松气味，背景气味中的当归也有一丝甜味。虽然含有不少较重的植物原料，但出乎意料地并没有很高的强度、初段口感非常宜人。之后的芫荽、沾有灰尘的鸢尾和松柏的尾调都很清淡。

整体风味：辛辣/杜松	
2.5	**调制金汤力鸡尾酒：**体面，但少了些金酒的冲击力（即使是按2：1比例调制）、使得汤力水的部分远比金酒更为突出。汤力水的干涩强化了植物根茎的气味。
X	**搭配西西里柠檬水饮用：**表现可以用诡异来形容，这款饮品闻起来像烤豆子，口感很差、甚至能感受到些肥皂味。
3	**调制尼格罗尼鸡尾酒：**建议使用N3比例调配。很难阻挡芫荽气味的高歌猛进，些许当归的气息从味美思和金巴利酒后面探出头来。这是一款清淡的开胃酒。
3	**调制马提尼鸡尾酒：**些许根茎气味，中规中矩的一款低强度金酒调制出的马提尼、没有很强的分量感或持久性。

金酒面面观

植物原料

包括杜松、芫荽籽、当归根、甘草根、鸢尾根、橘皮、柠檬皮等。

哥顿金酒出口版本
GORDON'S EXPORT
酒精浓度47.3%

　　这就是世界上其他国家可以享受到的哥顿金酒——绝对是享受。虽然这款酒与另一款浓度为37.5%的金酒完全相同，但它的前调更丰富、有柠檬皮和酸橙果酱的味道。整体而言，这款酒的腔调更高、更明亮，不再受到莫名其妙的制约。即使是较重的植物原料也显得更加活泼，而植物根茎的气味同样也不那么焦躁不安了。芫荽以辛辣的柠檬气息呈现，不再那么强硬，杜松呈现出薰衣草和薄荷味、甚至还有些许的火热感。和低酒度的版本相比，这完全是另一款酒了。虽然从分量感和杜松气味的突出程度而言，这依然是一款经典的老式伦敦干型金酒，但它也提升了柠檬味的呈现，增加了整体的活跃感；口感干净，带有薄荷酸和薄荷气味。两款酒之间完全没有可比性。

整体风味：辛辣/杜松	
3	**调制金汤力鸡尾酒：** 同样，芫荽表现最为突出，纯饮时的活泼感在鸡尾酒中不复存在
3.5	**搭配西西里柠檬水饮用：** 出现了更多的杜松气息、与其他元素融为一体。这是一款令人激动的混饮——尽管余味稍短了一些，或许也可以调制成柯林斯酒饮用。
4	**调制尼格罗尼鸡尾酒：** 建议使用N1比例调配。前段由芫荽气味引领，但在口感上杜松占据了上风。整款酒有着良好的平衡感。
3.5	**调制马提尼鸡尾酒：** 杜松的气味更加厚重，味美思与背景气味中的绿色草本元素形成了联盟。柑橘气味的出现让芫荽的胡椒气味得以在中段呈现。整体是一杯中规中矩的马提尼。

植物原料

杜松、芫荽籽、当归根、鸢尾根、毕澄茄、苦橙皮、甘草根、肉桂皮、糖海带。

哈里斯岛金酒
ISLE OF HARRIS
酒精浓度45%

在一堆杂乱无章的同类产品中，好的包装能让一款产品脱颖而出、吸引潜在客户的注意。而哈里斯岛金酒的酒瓶设计就堪称行业中的佼佼者，有着海浪一般的纹理和旧化的海玻璃效果。不少人会把空瓶保留下来，用来盛酒水或者放蜡烛——不过，哈里斯岛品牌丝毫不担心有人会用其他品牌的金酒来填满空瓶，因为这款金酒绝不只是包装好看而已。

这款哈里斯岛金酒有着丰富的嗅感，前调是突出的杜松气味、效果清爽，有人甚至会误以为这是一款伦敦干型金酒。香料、植物根茎、柑橘和杜松元素都得到了完美的控制与平衡，不过希比里德群岛的特色植物随着糖海带带来的轻微甜/酸/咸元素一起登场，一切都改变了。这些元素和成分对口感有着显著提升、带来了丰富的鲜味和类似日式高汤的口感、为辛辣的果皮和芫荽元素打下了坚实的基础。海洋和沼泽植物的混合气味并没有就此停止：前调是杜松，甜味元素随之而来、呈现出更多的柑橘气息，之后出现的是温和的香料和淡淡的咸味。通过在中性酒精中浸渍海带，在最终蒸馏前将又其去除，避免其效果过于突出。这的确是一款精心设计与制作的金酒。

整体风味：杜松	
5	**调制金汤力鸡尾酒**：在这一组合中，金酒充分展现了自身的特质；海带增加了酒体的厚重感、也带来了略带植物性的品质，给这款平衡的金汤力鸡尾酒增添了额外的质感和持久性。
3.5	**搭配西西里柠檬水饮用**：一个坚实稳固的靠谱组合。整体均衡、口感清新，只是在复杂性和持久性上有所欠缺。
4	**调制尼格罗尼鸡尾酒**：建议使用N1比例调配。开始时略显冷淡、红樱桃汁增加了新的维度，草本元素从中段开始发力。一款能让各种元素百花齐放的尼格罗尼。
4.5	**调制马提尼鸡尾酒**：有的马提尼一开始就愿意敞开心扉；有的马提尼则显得有些疏远、矜持，因而颇具神秘感。这款酒显然属于后者：杜松的味道缓慢释放、海带的味道直到最后才展现出来。搭配橄榄或橙皮卷的效果也很出色。

植物原料

杜松、芫荽籽、肉豆蔻、肉桂、当归根、鸢尾根、肉桂皮、甘草根、橘皮、柠檬皮。

海曼伦敦干型金酒
HAYMAN'S LONDON DRY
酒精浓度41.2%

　　海曼家族整整四代人都在从事金酒的生产，如今的海曼品牌由克里斯托弗·海曼（Christopher Hayman）、他的儿子詹姆斯（James）和女儿米兰达（Miranda）共同经营。自2013年起，海曼金酒的产地就一直是埃塞克斯郡的威瑟姆。整个品牌一直以传统、经典为主打卖点——他们的旗舰产品伦敦干型金酒自然也不例外。这款酒的外观非常精致，甚至可以看到银色的光泽，嗅感直截了当：厚重强劲、植物根茎气味明显，有一股强烈的杜松前调。随着帕尔玛紫罗兰/带有泥土气味的鸢尾花和当归（这里是类似芹菜的感觉）占据了，这股味道飘进了松木。在这种全面的攻击之后，你会注意到芫荽、肉桂皮、肉豆蔻和肉桂，然后是青柠和柠檬的味道。口感柔滑而有光泽，柑橘（现在变成了橘皮）、杜松和大量的甘草甜味让人垂涎欲滴，最后杜松和干燥的根茎在余味中体现出来。这款酒的平衡性极佳。

整体风味：杜松	
5	**调制金汤力鸡尾酒**：厚重，汤力水带来了当归和甘草的味道、同时加入了淡淡的甜味，有助于保持平衡。余味偏干，加入青柠片能够有所缓解。
3.5	**搭配西西里柠檬水饮用**：最突出的是柑橘和甘草味、香料次之，杜松和植物根茎的气味再次之。
4.5	**调制尼格罗尼鸡尾酒**：建议使用N1比例调配。大量的杜松气味，味美思增加了鸡尾酒的甜味和深度，而金巴利酒的苦味与橙皮和当归的味道融为一体，这是一款严肃而丰富的鸡尾酒。。
4.5	**调制马提尼鸡尾酒**：即使以4:1的比例调制，这仍然是一款偏干型的马提尼，味美思只带来了微妙的草本味。整体非常平衡。

杜松、芫荽籽、肉豆蔻、肉桂、当归根、鸢尾根、肉桂皮、甘草根、橘皮、柠檬皮。

海曼海军金酒
HAYMAN'S ROYAL DOCK
酒精浓度57%

请大家做好心理准备，一场金酒风暴即将来临。海曼家族向来以生产特别传统的金酒为荣，这款极其劲爆的海军浓度金酒也不例外。这款金酒同样选用海曼常用的10种植物原料酿造，但比例不同。这款酒的酒精浓度隐藏得很好，并没有给人以过于火爆的感觉。前调是呈现出柠檬味的芫荽，然后是圣诞节的记忆与松木香，混合果皮、姜和芫荽的气味一起爆开。加水之后更加狂放。这款酒的口感非常纯正、很有劲道。纯饮非常不现实，必须要加水饮用。加水后，这款酒变得厚重而有味觉冲击力，后调中植物气味突出，而帕尔玛紫罗兰则躲在背景中低语。

海曼品牌一直身体力行地抵制那些"假金酒"——根本没有杜松风味的金酒品牌。我非常赞赏他们的态度。

整体风味：杜松	
5*	**调制金汤力鸡尾酒：** 这款鸡尾酒需要相当长的时间来达成最终的平衡。静置时间更久一些，它会变得更加温和，汤力水给舌中带来了些许湿润感。
3.5	**搭配西西里柠檬水饮用：** 一开始的柑橘气息令人惊讶，你会好奇杜松跑哪里去了，但随后它就出现在了舌头上、给人感觉有点太干了。柑橘和杜松在这款饮品中是交替发挥作用的。
5*	**调制尼格罗尼鸡尾酒：** 建议使用N1比例调配。这款尼格罗尼粗中有细、非常克制，如同有着布鲁斯·班纳（Bruce Barner）个性的绿巨人一般。金酒渗透到了这款鸡尾酒的方方面面、同时也最大限度地提升了这款饮品，但整体依然高度平衡、没有突兀感。
5	**调制马提尼鸡尾酒：** 长时间用力搅拌才能起到一定的稀释效果。这是一款危险、刺激的饮品，每次只能喝一杯。记得加水，因为味美思会在舌中再增添一层味道。喝完一杯后，我想脑补一下拼接的感觉！

植物原料

杜松、当归根、芫荽籽、毕澄茄果实、鸢尾根、洋甘菊、葛缕子、接骨木花、鼠尾草、柠檬皮、橘皮、蒸馏后加入的玫瑰和黄瓜精华。

亨利爵士金酒
HENDRICK'S
酒精浓度41.4%

已故的查尔斯·格兰特·戈登（Charles Grant Gordon）是一个威士忌爱好者（戈登家族公司生产格兰菲迪、百富和格兰特品牌）。但是，和大多数威士忌爱好者一样，他也是一个金酒爱好者。戈登想要打造一款闻起来就像是在英国玫瑰园里野餐的酒——结果就是这款亨利爵士金酒。在位于苏格兰南艾尔郡的格文酒厂，该品牌使用马车头蒸馏器和19世纪的贝奈特壶式蒸馏器分别蒸馏两批相同的植物成分（具体的原料配比略有不同），然后混合在一起、再加入玫瑰和黄瓜精华。如果将这款酒的嗅感比作一个花园，那么这会是一个杜松远远躲在灌木丛中、轻盈的花草香气和草本植物气味在草坪上肆意嬉戏的花园。芫荽籽主宰着一切，带来了柑橘的前调和些许辛辣气息。

整体风味：辛辣	
3	**调制金汤力鸡尾酒：** 整款金酒变得更加温和、让花草的香气得以显现。口感也明显更甜了，芫荽占据主导地位、与奎宁水发生了冲突。尾调的泥土气味明显，植物根茎的气息扑面而来。
4	**搭配西西里柠檬水饮用：** 比较成功的组合。金酒本身的甜味得到了加强，而芫荽在这里展现出柠檬的气味。口感也得到了控制，脆爽感与香料的气味取代了泥土的气息。
3.5	**调制尼格罗尼鸡尾酒：** 建议使用N3比例调配。金巴利酒是这里的主宰，所以为了达成平衡，你必须把它和味美思的比例降下来。效果不错，芫荽味的前调也比较讨喜。
3.5	**调制马提尼鸡尾酒：** 这款酒需要水的加入给味美思创造机会，让整款酒软化下来，与前调结盟。整体尚可。

金酒面面观

植物原料

壶式蒸馏：杜松、黑加仑叶、芫荽籽、茴香籽、甘草根、当归根、鸢尾根。

旋转蒸发：黑加仑叶、花旗松、阿马尔菲柠檬皮、香杨梅、圆叶当归、绿杜松。

超临界萃取：杜松。

和博金酒
HEPPLE
酒精浓度45%

和博金酒品牌由和博庄园主理人沃尔特·里德尔（Walter Riddell）、主厨瓦伦丁·沃纳（Valentine Warner）、传奇调酒师尼克·斯特兰格威（Nick Strangeway）、合作伙伴凯波里·希尔（Cairbry Hill）和蒸馏师克里斯·嘉登（Chris Garden，曾任希普史密斯品牌首席蒸馏师）联手创立。该品牌拥有我见过的一切金酒中最为复杂的蒸馏方式，包括壶式蒸馏器、旋转蒸发器和超临界流体萃取。金酒的核心一直是杜松，而通过如此丰富多样的蒸馏萃取技术，和博金酒能够从多个角度充分激发出杜松的全部潜能。这些复杂的技术背后隐藏的是该品牌对金酒的独到见解，充分展现了诺森伯兰高地荒原的特色（和博品牌目前生产的金酒以杜松风味为主，更多其他种类的金酒也正在计划生产之中）。

这款和博金酒以杜松为前导，但并不单调：这款酒成功平衡了醇厚的当归、树脂气息的香杨梅、酸涩的果实和绿色草药的气味，显得复杂、精确、温暖而又深沉，背景气味也恰到好处。除了花香、柑橘、松树和泥土气息，还有香草、水果（近似于杏仁）和鲜嫩的柑橘，在悠长的余味中留下了芳香而柔和的气息。这是一款格外好喝的金酒。

整体风味：杜松	
4	**调制金汤力鸡尾酒：**轻微的润泽感。整体效果不错，但金酒本身似乎过于复杂，汤力水有些疲于应对。如果喜欢偏干的饮品，可以一试。
4.5	**搭配西西里柠檬水饮用：**效果比金汤力有一定的提升，柠檬元素与金酒搭配，增加了一定的复杂性。前调昂扬向上，尾调偏干。
5	**调制尼格罗尼鸡尾酒：**建议使用N1比例调配。口感厚重、且变得愈发狂野起来。浆果元素更加清晰、味道介于香杨梅和杜松之间，有着近乎利口酒的厚重感。整体非常平衡、余味悠长、精致。
5*	**调制马提尼鸡尾酒：**味美思轻柔地带来了细微的差别。这款鸡尾酒的口感细腻、清新，有着巨大的冲击力的同时又不失格，此外还有一种宜人的矿物质感。可以毫不夸张地说，这款鸡尾酒完全具备理想中马提尼的一切品质。

金酒面面观

植物原料

杜松、芫荽籽、当归根、鸢尾根、柠檬皮、小豆蔻、肉桂皮、甘草根、天堂椒、荜澄茄、石楠。

嘉宝克斯干型金酒
JAWBOX CLASSIC DRY
酒精浓度43%

嘉宝克斯金酒的名字来源于贝尔法斯特当地的俚语，意为公共水槽。这样晦涩难懂的名字难免让人一时摸不着头脑，创始人格里·怀特（Gerry White）解释说，之所以选择嘉宝克斯这个名字，是为了致敬传统酒吧：人们三三两两聚集在一起，一边举杯畅饮、一边闲话家常，无论喝的是啤酒还是蒸馏酒，都是一桩赏心乐事。2016年起，这款金酒由位于北爱尔兰唐郡阿尔兹半岛的埃奇林维尔酒厂生产，该酒厂只有3年的历史。3种植物性成分（具体组成严格保密）采用蒸汽浸渍，其余的用庄园自己的谷物中性酒浸渍和蒸馏。

这款酒主打杜松风味——而且是相当具有尘土气息的杜松，让人想到干燥的荒原和轻盈（但令人愉快）的咸味，清新的小豆蔻随之而来，与之后的柠檬元素形成了鲜明对比。前调的口感是轻柔的柠檬和胡椒味，然后是饱满的萜烯气味。就在这款金酒将要达到顶峰时，你能感受到石楠和些许克制的芫荽气味开始出现，还有樟脑/薄荷的味道。总而言之，这是一款颇为时尚的金酒。

整体风味：杜松	
3	调制金汤力鸡尾酒：这款酒的香气出乎意料的低沉、汤力水仿佛被金酒的威力所震慑。整体还是比较平淡的。
4.5	搭配西西里柠檬水饮用：宜人（活泼）的平衡感，石楠和香料元素都变得更加芬芳扑鼻，不免让人联想起雨后的沼泽地带。
4.5	调制尼格罗尼鸡尾酒：建议使用N1比例调配。金酒的特质得到了很好的留存，更多的橙子和柠檬的气息与温暖的香料结伴而行。各种元素从中段开始发力，口感丰富而有力。
5	调制马提尼鸡尾酒：金酒在这一组合中显得格外硬核和老派。丰富、油润、厚重的味道在舌尖上爆开——这些全都是果皮和杜松的功劳。

金酒面面观

植物原料

杜松、芫荽籽、鸢尾根、柠檬百里香、水生薄荷、柠檬香脂、接骨木、香杨梅、海莴苣、玫瑰花瓣、玫瑰果、酸橙花、接骨木花、金银花、苏格兰松针。

卢萨金酒
LUSSA
酒精浓度42%

朱拉岛位于苏格兰西海岸，和临近的艾雷岛一起因威士忌而著名。然而，2015年，在这个狭长岛屿的北部、一条单行道的尽头，克莱尔·弗莱彻（Claire Fletcher）、乔治娜·基钦（Georgina Kitching）和艾丽西亚·麦金尼斯（Alicia MacInnes）联手创办了卢萨金酒品牌。他们的目标是只使用当地种植的植物原料——其中不乏一些露天种植的植物，甚至连鸢尾花在该岛上都有种植；也有在大棚或温室里养殖、从自然环境中采摘的各类植物。此外，该品牌选用的杜松也是自己种植的。

鉴于其选用的植物成分，卢萨金酒前调中扑面而来的花香可谓是意料之中，大量的柠檬百里香席卷而来、呈现出几乎是奶油般顺滑的气味，还有近似树叶的果味气息。草本、杜松和香杨梅的气味都集中在后段。就其口感而言，前调偏甜，一切仿佛都沉浸在夏日草地的玫瑰花香之中，松林的微风轻轻拂过，又迅速地让位于丰富的柠檬与芫荽气味。总之，口感丰富、有层次感，堪称一段漫长而又相当令人满意的风味之旅。

整体风味：花香	
3.5	**调制金汤力鸡尾酒**：浓郁的芳香气味。花香占据主导，此外还有一种多汁的、近乎于新鲜水果的质感，只是中后段突然变得有些偏干。
2.5	**搭配西西里柠檬水饮用**：生硬的组合。金银花表现得过于突出，破坏了整体的平衡感。
3.5	**调制尼格罗尼鸡尾酒**：建议使用N3比例调配。保持了卢萨金酒的特质，果味保持的不错、舌中略带蜡质感，后调略带甜味。整体有着良好的平衡性，易于饮用。
4	**调制马提尼鸡尾酒**：卢萨金酒并不是一款包容性很强的金酒。味美思让它变得更加丰满。整体芳香、平衡，嗅感颇为诱人。这款马提尼鸡尾酒的口感略带甜味，所以不适合那些只喜欢经典金酒的爱好者，不过若是你喜欢比较柔和的口感，这一组合绝对值得一试。

金酒面面观

植物原料

杜松、芫荽籽、当归根、鸢尾根、甘草根、肉桂皮、青柠皮、柠檬皮、橘皮、蒸馏后加入的黄瓜精华。

马丁米勒金酒
MARTIN MILLER'S
酒精浓度40%

1999年，当这款酒问世时，大多数金酒爱好者都想知道已故的马丁·米勒（Martin Miller）到底在用冰岛泉水和黄瓜精华搞什么花样。当时的我们尚不知道，这样的做法会成为新的行业标准。

这款金酒与其他新型金酒有不少类似的地方：同样是由10种植物原料加工而成、由兰利酒厂分两批蒸馏：根茎和香料分别蒸馏，加入柑橘原料，之后加入黄瓜精华，再辗转运到冰岛，选用当地的冰川融水稀释。这款金酒有着明显的柑橘前调：青柠、橙子、橘子、柠檬和淡淡的（同样也是柑橘类的）芫荽气味，之后则是一些树脂类的杜松香气。这一切都显得相当活泼，持久性方面也不错。口感相当甜美，略带蜡感，整体偏干，柑橘的香气持续存在，而后调则以蜡质水果的元素为主。

整体风味：柑橘	
4	调制金汤力鸡尾酒：调制出的鸡尾酒有着惊人的新鲜和活力，完全不需要加入任何柑橘类的果皮。前调的爆发虽然很快就消失了，但整体的持久性依然是不错的。
4	搭配西西里柠檬水饮用：奇怪的是，柠檬味的混合剂还能把植物根茎的元素带出来，同时也给中段的口感带了些许甜味。
3.5	调制尼格罗尼鸡尾酒：建议使用N2比例调配。柑橘仍然是这里的主角，但没有任何蜡感。塞维利亚橙让口感更加平衡，些许的苦甜感也只是让人感觉到轻微的涩味。
4	调制马提尼鸡尾酒：清新且极具蜡质感。味美思的加入让前调里的芳香气味更加突出，也使其更具有香水味。整体对这款金酒是不错的提升。

植物原料

杜松、芫荽籽、当归根、鸢尾根、柠檬皮、橘皮、肉桂皮、酸橙皮、肉豆蔻、肉桂、蒸馏后加入的黄瓜精华。

马丁米勒威斯伯恩浓度金酒
MARTIN MILLER'S WESTBOURNE STRENGTH
酒精浓度45.2%

生前，马丁·米勒在伦敦西部诺丁山威斯伯恩的办公室处理公务。为了纪念他，这款金酒命名为威斯伯恩浓度金酒。这款酒和原始版本之间的区别还是很有意思的。威斯伯恩版本的浓度更高，虽然植物原料种类不变，但比例不同，最终打造出了一款性格更丰富的金酒。兄弟酒款重柠檬味的爆发，在这款酒身上变得更加平和，随着当归的气味增加，植物原料之间的平衡也更好。威斯伯恩浓度金酒的口感更浓郁，可以说是秋天的味道，而原版则绝对是春天的气味。这款酒有着浓厚而活泼的植物气息，有着更厚重的柠檬味和更突出的杜松味。标志性的蜡质感被保留下来，但也更加平和了。余味刺激，富有活力。同时也展现出很好的融合感。

整体风味：柑橘/杜松	
4	**调制金汤力鸡尾酒：**以2:1的比例调制时，这款酒显示出了其酒精的严肃性。混合时有轻微的糖果气味，中段口感坚实且相当干爽，有足够的柑橘味来平衡汤力水的气味、防止奎宁拖垮一切，此外还有着良好的持久性。
3	**搭配西西里柠檬水饮用：**前调略微有些被过度烹煮的香味，而随着柠檬元素的出现，蜡质感也被凸显出来。整体效果尚可。
3.5	**调制尼格罗尼鸡尾酒：**建议使用N2比例调配。整体仍然是蜡质的，带有一点鼠尾草的元素，味美思带来了些许青涩的水果气味。整体较为平衡且相当干爽。
4.5	**调制马提尼鸡尾酒：**柠檬气味突出且整体非常优雅，酒精帮助一切就位，味美思成为了背景。中段口感不错、颇有分量，蜡感转化为黏稠的油润感。

植物原料

杜松、芫荽籽、鸢尾根、葡萄柚皮、橘皮、小豆蔻。

3号金酒

NO.3
酒精浓度46%

贝瑞兄弟与路德是伦敦一家历史悠久的酒类经销商，自1698年起就在圣詹姆斯街3号经营包括葡萄酒与蒸馏酒在内的业务。当伦敦的贫民窟充斥着荷式金酒的时候，它就已经在为首都的贵族提供高档酒类了。贝瑞路德品牌于2010年正式进入了高端领域，并于同年推出了新产品——3号金酒。这款酒由戴维·克鲁顿（David Clutton）博士设计，在荷兰生产，简单的植物配方向传统金酒的历史致敬，而葡萄柚的加入也带来了现代元素。嗅感优雅而丰富，小豆蔻的温暖薄荷味飘过，杜松的松木香和薰衣草味随后也释放出来。在逐渐转向植物根茎气味的过程中，柚子、柑橘、芫荽的加入让嗅感变得明亮起来。随着时间的推移，果皮的气味占据了前调里的主导地位。加水之后，鸢尾花中显露出令人愉悦的灰尘气息。整体口感精致顺滑。

整体风味：辛辣/杜松	
4	调制金汤力鸡尾酒：小豆蔻的气味变得更加芳香，之后呈现出杜松的香气。有着不错的持久性和长度。
3	搭配西西里柠檬水饮用：柠檬水带来的果皮的苦味和金酒的小豆蔻气味并没有完全磨合在一起，反而有些自相冲突。
5	调制尼格罗尼鸡尾酒：建议使用N2比例调配。葡萄柚堪称点睛之笔，为鸡尾酒带来了穿透力，杜松和小豆蔻则与味美思形成了完美的配合。金巴利酒也很好地融入其中，加入了些许甜味。总之，这是一款非常有气质、显档次的饮品。
5*	调制马提尼鸡尾酒：这是这款金酒最推荐的组合。异国情调与所有元素和谐共存，你也能体会到金酒本身的丰富性和分量感，有足够的甜味与味美思形成平衡。

植物原料

杜松、芫荽籽、当归根、鸢尾根、肉桂皮、杏仁、柠檬皮、橘皮、蒸馏后加入藏红花。

老拉杰金酒
OLD RAJ
酒精浓度55%

老拉杰是一款颇具传奇色彩、甚至自成一派的金酒，由苏格兰琴泰半岛坎贝尔镇的云顶威士忌酒厂酿造。这款金酒最大的卖点是在蒸馏后使用了少量的藏红花着色，酿出的金酒呈现出淡淡的柠檬色泽。即使在这种高浓度下，它的香气也比其姐妹品牌凯德汉德经典金酒要来的更微妙，嗅感以松香和柑橘气味为主。虽然偏干，但也有一点草本的气味，薄荷的挑逗，还有些许花香的提升，以及藏红花和杏仁的柔和气味。口感厚重黏稠，前调是明显的杜松气味、嘶嘶冒泡的柑橘气味随后爆开，之后是平衡的植物根茎气味。相对更高的浓度让整个过程更为顺畅。时刻记住，这是一款老派的经典风味金酒，所以就不要指望别的了。

整体风味：杜松/柑橘	
4.5	**调制金汤力鸡尾酒：** 优秀的柑橘气味，整体香气有一定的提升。由于强度相对较高，持久度一般。口感干净绵长。简而言之，这是一个不错的搭配。
5*	**搭配西西里柠檬水饮用：** 松木香和高浓度的柠檬气息融合在一起，口感的芳香也有所增加，绝对是一款一加一大于二的饮品。
4	**调制尼格罗尼鸡尾酒：** 建议使用N1比例调配。金酒本身足够干净、还有淡淡的蜂蜜味。混合之后柑橘的味道更加提前，味美思则为杜松和植物根茎的气味提供了饱满的支撑。
5*	**调制马提尼鸡尾酒：** 4:1的比例略微偏胖，因为味美思可以让更多的草本气味展现出来。不过可能需要加水稀释，因为酒精浓度很高。总而言之这是一款优雅的鸡尾酒，有着独特的个性。

金酒面面观

植物原料

杜松、芫荽籽、鸢尾根、柠檬皮、橙皮、肉桂皮、马拉巴豆蔻、柠檬草、粉红胡椒、再加上一种保密成分。

奥罗金酒/奥罗5号金酒
ORO, ORO V
酒精浓度43%

这两款奥罗金酒由位于苏格兰边境的道尔顿蒸馏厂生产，商品简介称采用了极简的生产流程。然而，风味却是非常极致的——尤其是在这款奥罗金酒中。简单瞥一眼植物组合以后，因为使用了胡椒和柠檬草的缘故，你大概会认定这是一款现代金酒、期待芳香气息和活力感。不过和预期恰恰相反，这款酒有着浓郁、深沉类似于石楠气息的杜松元素、还有平衡的肉桂皮和小豆蔻气息。只有在前调逐渐褪去时，柠檬草的香气才开始显现。总而言之，这款金酒的嗅感古典、复杂、有力，但又有自己的特色。

相比之下，奥罗5号金酒的嗅感更加清淡，因而柑橘/芫荽元素能更从容地展现出来；小豆蔻元素略微突出，还有些许咖喱叶的气味。香水和花香气味主导了这款酒的口感，极富异国情调。杜松的味道撑起了其他各个元素、却没有成为全场瞩目的焦点，整体依然有着和奥罗金酒一样的平衡感。快去选一款。

整体风味：杜松/果味	
	调制金汤力鸡尾酒：
5	**奥罗金酒：** 厚重的杜松气味。口感开阔，平衡感优秀，稍稍有些偏干，但也不至于苦涩。
4	**奥罗5号金酒：** 口感复杂。杜松的味道得到了提升，香料和果皮的气味在后段发力。
	搭配西西里柠檬水饮用：
3.5	**奥罗金酒：** 柠檬在这一组合中得到了其他元素的有力配合，整体效果十分稳固。
4.5	**奥罗5号金酒：** 充满活力，提神醒脑。柑橘元素展现地淋漓尽致、口感轻柔而清爽，但并不出格。
	调制尼格罗尼鸡尾酒：
5*	**奥罗金酒：** 建议使用N1比例调配。口感辛辣，杜松更多地呈现出木质调的一面，此外还有紫罗兰、苦橙和香草的味道，齿颊留香。
5	**奥罗5号金酒：** 建议使用N2比例调配。味美思是这一组合的关键，使得口感更加柔和，也带来了植物根茎的分量感，并且与其他香料的基调保持一致。整体的松木香味和芳香感都得到了提升。
	调制马提尼鸡尾酒：
5	**奥罗金酒：** 呈现出百里香、香草、柔的柑橘和绿植元素。层次分明，后调中有胡椒气味。整体非常平衡。
4.5	**奥罗5号金酒：** 比奥罗金酒更精确、更甜美。略显尖锐的杜松气味出现在中段。整体是一款非常出色的鸡尾酒。

金酒面面观

植物原料

杜松、芫荽籽、当归根、鸢尾根、肉桂皮、甘草根、葡萄柚皮。

帕玛干型金酒
PALMERS DRY
酒精浓度44%

　　兰利酒厂可能不是一个家喻户晓的名字，但作为酒精饮品有限公司，兰利是英国大型的酒类合同生产商之一。兰利酒厂成立于1955年，是WH帕玛集团的子公司，该集团的历史最早可以上溯至19世纪初，当时的清漆制造商威廉·亨利·帕玛（William Henry Palmer）的儿子沃尔特·帕玛（Walter Palmer）开始进军酿酒业。兰利的总部设在伯明翰附近的克洛斯威尔酒厂（the old Crosswells Brewery），该厂自1920年以来一直在生产各类金酒，使用一些英国最古老的蒸馏器。帕尔玛品牌使用的安婕拉（是以威廉孙女的名字命名）蒸馏器是一个容量达1000升的约翰多尔铜质壶式蒸馏器，该蒸馏器制作于1903年，距今已有百年历史。

　　配方是经典的伦敦干型金酒，不过葡萄柚皮的加入也带来了现代元素。帕尔玛金酒果味十足，前调几乎由桃子元素所主宰，葡萄柚承前启后，作用相当微妙；低调的柑橘元素与高调的油分混合在一起，在秉承经典金酒框架的同时，也展现出了不一样的特色。整款金酒平衡而低调，人有时就需要这样低调踏实的感觉——或者说是我个人比较偏爱这样感觉。

整体风味：果味	
2.5	**调制金汤力鸡尾酒**：你现在可能已经意识到汤力水的调和并不简单、有时需要金酒的密切配合才能形成平衡。遗憾的是，在这一组合中，汤力水占据了绝对主导，即便是轻微稀释的状态下的效果也不好。
3.5	**搭配西西里柠檬水饮用**：干净、清爽、清淡的组合，一款让人感到轻松愉悦的饮品。
3.5	**调制尼格罗尼鸡尾酒**：建议使用N4比例调配。展现出了不一样的特质，有些许樱桃般的浓郁质感，带来了苦甜参半的口感，建议减少金巴利酒的用量，或者也可以尝试搭配阿佩罗酒饮用。
5	**调制马提尼鸡尾酒**：在其他组合中似乎销声匿迹的金酒在这一组合中大放异彩。葡萄柚元素得到了充分展现，杜松元素增加了分量感，整体高度平衡，尾调也展现出了一定的复杂性。

金酒面面观

杜松、芫荽籽、柠檬皮、甜橙皮、当归根、鸢尾根、小豆蔻。

普利茅斯金酒
PLYMOUTH GIN
酒精浓度41.2%

1793年，柯茨先生（Mr. Coates）的黑袍修士酒厂正式开张，他希望酿造档次更高的酒款。到19世纪中叶，该酒厂每年向英国海军供应超过1000桶海军浓度金酒。然而，时间到了20世纪80年代，普利茅斯金酒的辉煌时代早已一去不复返。该厂的管理层对于金酒没什么兴趣，一度削减了浓度、改变了配方。所幸在1996年，查尔斯·罗尔斯（Charles Rolls，现供职于芬味树品牌）买下了这个品牌，重新提高了酒精浓度，并恢复了经典配方——大家熟悉的那个普利茅斯又回来了。如今，普利茅斯金酒是芝华士兄弟公司的一部分，从属于百加得集团。

这款金酒的前调柔和，近似于石楠的杜松气味，随后是些许柑橘气味，然后转为薄荷、鼠尾草的气味和细腻的甜味。口感平衡宁静，植物气息层次感丰富，不止一个维度的延伸。中段的松木香更为突出，与柑橘气味形成微妙的平衡。缓缓升腾的紫罗兰和非常温和的植物根茎气味使这款酒的口感更加完美。

整体风味：杜松	
4.5	**调制金汤力鸡尾酒**：杜松香气的持久性不错；整体相当轻盈平衡。汤力水的加入让这款鸡尾酒的长度有一定延伸。
4.5	**搭配西西里柠檬水饮用**：整体有一定的提升，口感清新。甜美的柑橘与柠檬的结合堪称完美。
5	**调制尼格罗尼鸡尾酒**：建议使用N1比例调配。柑橘气味在其他成分的共同作用下更为突出，是这款酒的点睛之笔。整体气味复杂而奢靡，口感丝滑诱人。
5*	**调制马提尼鸡尾酒**：味美思为复杂的混饮带来了绿篱的气味，油润的质地变得更加厚重，让这款马提尼的体验更上一层楼。整体个性独特，口感绵柔、悠长。

植物原料

杜松、柠檬皮、苦橙皮、芫荽籽、鸢尾根、当归根、肉桂皮、甘草根、肉豆蔻。

波多贝洛171号金酒
PORTOBELLO ROAD NO. 171
酒精浓度42%

　　这款金酒是由伦敦调酒界的传奇人物杰克·伯格（Jak Burger）和他的商业伙伴盖德·费尔顿（Ged Feltham）携手打造的。泰晤士酒厂的金酒大师查尔斯·麦克斯韦尔按照他们的要求定制生产。这款酒干净而辛辣，前调由肉豆蔻和肉桂皮的气味组成，之后与相当谨慎（但同样也很明显）的杜松与芫荽相遇，当归呈现出淡淡的绿植元素。这是一款复杂的金酒，需要时间来延伸。稀释后会释放出更强的活力，呈现出更多果皮、紫罗兰和肉桂的气味。整款酒的口感干净、轻盈油润，令人垂涎欲滴。每种元素都很好地融入其中——些许杜松、柑橘、香料，以及后调中大量的肉桂皮和肉豆蔻气味。除了这款酒，杰克和盖德还在诺丁山波多贝洛路186号的酿酒厂经营着伦敦金酒屋，那里居然还有个小饭店！

整体风味：辛辣/杜松	
3.5	**调制金汤力鸡尾酒：**整体微妙而干净，金汤力保留了金酒的个性和持久性。当然，如果你忘记添加柑橘的话，余味可能会稍显突兀。
4	**搭配西西里柠檬水饮用：**比金汤力好喝多了，整体有一定的提升，让金酒的效果更上一层楼，而非沉浸在黑暗而苦涩的元素中。
5	**调制尼格罗尼鸡尾酒：**建议使用N2比例调配。这是一款宽阔的尼格罗尼鸡尾酒，有分量、口感饱满多汁。味美思在香料、杜松和金巴利酒的狂欢中增添了平衡感，整体显得更加克制。
5	**调制马提尼鸡尾酒：**考虑到是由资深调酒师设计生产的，这款金酒特别适合用来调制各种鸡尾酒——而马提尼酒则是其中的杰出代表：整体干净、自信、有层次感，虽然很厚重，却不会让人感到压抑。这款酒的平衡性在这里得到了最好的体现。

金酒面面观

植物原料

包括杜松、芫荽籽、柑橘皮、肉桂、肉桂皮、接骨木花、接骨木果、苹果、三叶草等。

短十字金酒
SHORTCROSS
酒精浓度46%

　　短十字金酒是在北爱尔兰唐郡的雷迪蒙庄园酿造的，位于斯特朗福德湖的对面，与埃奇林维尔酒厂相邻（详见本书第89页）。该项目始于2012年，庄园主菲奥娜（Fiona）和戴维·博伊德·阿姆斯特朗（David Boyd-Armstrong）决定在庄园的众多生产项目中再增加一项——酿酒。这款金酒选用的部分植物原料是采摘的（三叶草和接骨木花/接骨木果），而使用的苹果是庄园自己种植的。蒸馏装置选用了克里斯蒂安·卡尔（Christian Carl）设计的蒸馏器与整体布置，这套系统能提供更好的回流。

　　这款金酒似乎有相互矛盾的味道。首先，柑橘类元素占了上风，还有杜松带来的芬芳的松子气息，以及柔软的浆果和花香元素。然后是一种不寻常的粉状、浓郁的麝香味。口感也呈现出了类似的变化过程——前调的一切都非常"昂扬向上"、有特别的酯化的味道，中段变得更浓厚、花香味更足，接骨木花的白色果实气味、绿色草本/当归元素和些许杜松元素随后出现。口感先是渐进的焦糖香味。而后麝香味突然杀了个回马枪。虽然整体显得略有陌生感，却又令人无法抗拒。

整体风味：花香	
3.5	调制金汤力鸡尾酒：麝香和绿植元素在这一组合中都有所展现。整体口感变得更加醇美，略带蜜饯味，同时分量感也有所增加。
2	搭配西西里柠檬水饮用：甜味再次被突出，最终占据了主导地位。我个人真的不太喜欢。
3.5	调制尼格罗尼鸡尾酒：建议使用N4比例调配。其他元素成功地抑制住了麝香元素，口感甜美，只是略显黏稠。整体给人感觉相当精致，不过并无新意可言。
3.5	调制马提尼鸡尾酒：嗅感上有夏末干草和杜松的味道，余味中又有焦糖的元素。总而言之，这一组合有一定的持久性和厚重感，还有些许松针的气息。

植物原料

杜松、芫荽籽、当归根、鸢尾根、佛
手柑、甘草根、橘皮、苦橙皮、酸橙
皮、卡菲尔酸橙叶、小豆蔻、肉桂皮、
毕澄茄、天堂椒、蜂蜜、洋甘菊、接骨
木花、菩提花、玫瑰花瓣、薰衣草、梨。

寂静之湖金酒
SILENT POOL
酒精浓度43%

　　一款金酒背后的故事也许是创始人的奇闻逸事，也许
就是和某种不同寻常的植物、某处不同寻常的地方有关。然
而，寂静之湖金酒品牌的灵感却来源于一则英格兰的灵异
传说：相传，一个少女在池中裸体游泳、却遭到了约翰王子
嘲笑。惊慌失措之下，少女不幸溺水而亡。据说，她的阴魂
久久不散，人们至今还能听到她幽怨悲凄的哭声。这款酒
出自伊恩·麦库洛奇（Ian McCulloch）和詹姆斯·谢尔伯恩
（James Shelbourne）的手笔，制作过程可分为三步：首先将
波斯尼亚杜松、佛手柑、蜂蜜、甘草根、肉桂皮和鸢尾根集
中进行浸渍；然后加入花瓣和叶子浸泡过的"茶"；最后在蒸
馏器中加入一个香料篮，里面盛装有马其顿杜松、新鲜柑橘
皮、干梨、当归等原料。

　　如果没有出色的调校，如此多样化的植物成分势必会乱
作一团。然而在这款寂静之湖金酒中，所有的植物成分都得
到了很好的平衡，首先感受到的是芬芳的花瓣，新鲜的花朵
元素紧随其后。所有的元素都显得十分温和有力，而非你争
我抢。之后，你似乎走进了一团助眠香氛之中：洋甘菊盛开
的草坪，还有一丝迷迭香和薰衣草的气味。"杜松！"你大声
呼唤着，"汝在何方？"杜松如约而至，出现在后调之中。整
体口感是奶化的黄油味——还有意料之外的辛辣气味。

整体风味：花香	
3	**调制金汤力鸡尾酒：**芳香的前调得以保留下来、整体保持着浓郁的花香；汤力水则让这款鸡尾酒变得更加稳固，整体效果尚可。
3.5	**搭配西西里柠檬水饮用：**柠檬增加了整体的新鲜感，也带来了提神醒脑的劲道。口感带有淡淡的酸味。
4	**调制尼格罗尼鸡尾酒：**建议使用N4比例调配。依旧是颇为提神的芳香气息。金酒和金巴利酒配合得当，味美思增加了些许分量感，而柔和感却并未因此而减损
4	**调制马提尼鸡尾酒：**味美思的草本味带来了另一种香气元素，一定程度上让花香更为柔和，松针气息依然很足。

金酒面面观

植物原料

杜松、芫荽籽、当归根、甘草根、鸢尾根、杏仁、肉桂皮、肉桂、塞维利亚橙皮、柠檬皮。

希普史密斯金酒
SIPSMITH
酒精浓度41.6%

山姆·加尔斯沃西（Sam Galsworthy）和费尔法克斯·豪尔（Fairfax Hall）于2009年正式进军金酒行业，彼时正值金酒的复兴之势越来越旺，但新兴的金酒品牌尚未如雨后春笋一般大量涌现——换句话说，他们入行的时机恰到好处。在没有任何酿酒经验的情况下，他们聘请了鸡尾酒历史学家杰拉德·布朗（Jared Brown）作为顾问（如今的布朗已经是一位资深酿酒专家了），将伦敦西南部的富勒姆的一间车库改成了金酒厂，然后开始了生产。如今，他们的经营情况相当不错，已经盘下了一处规模更大的酒厂。

在历史学家的掌舵之下，希普史密斯从来都不是一个以新鲜感为卖点的品牌，而是在传承经典金酒血脉的同时又乐于尝试新鲜事物的能力。这款希普史密斯是一款典型的伦敦干型金酒：分量足，略带泥土气息，还有松林和松果的气味。此外，这款酒也加入了丁香和咖喱香料。口感上，复杂的绿植元素与嗅感的元素融为一体，整体显得友善大方、温和，又略带奶油味。

整体风味：杜松		
4	**调制金汤力鸡尾酒**：正如你所期望的那样，这款酒的味道足够自信、丰富与持久。奎宁气味得到了有效的平衡，气泡感也足够让人兴味盎然。	
4.5	**搭配西西里柠檬水饮用**：相比于金汤力，我更喜欢这个组合：柑橘带来的崭新的维度让整款酒的复杂性得到了提升。	
5	**调制尼格罗尼鸡尾酒**：建议使用N1比例调配。嗅感平衡而丰富，活跃的杜松气息得到了微妙地增甜。紫罗兰香气较为持久、还增添了些许深沉的甘草气味。	
5	**调制马提尼鸡尾酒**：味美思在中段加入了近乎蜂蜜气味的葡萄酒香，从而使整款酒的广度和香气都有了一定的提升，总体显得深沉而有层次感。	

金酒面面观

植物原料

杜松、芫荽籽、当归根、甘草根、鸢尾根、杏仁、肉桂皮、肉桂、塞维利亚橙皮、柠檬皮。

希普史密斯浓郁金酒
SIPSMITH V.J.O.P.
酒精浓度57.7%

V.J.O.P.是Very Junipery Over Proof Gin的缩写，意为最原始的酒液浓度。这一灵感来自于杰拉德·布朗（Jare Brown），当时他正在思考如何在不产生松节油气味的情况下突出杜松。最终，通过蒸馏前浸渍、蒸馏、蒸馏后再通过植物香料篮添加三种方式，布朗巧妙地解决了问题。这样复杂的加工方式能从同一种原料中提取出不同的香气。

这款浓郁金酒的嗅感就像是在圣诞树种植园中迷失了方向，耳边电锯声步步紧逼、松针的松香气越来越强烈。草本味非常可爱，还有一些雪茄/雪松、鼠尾草和薰衣草的气味。口感干爽，柑橘气味进一步提升了口感、杏仁和芫荽籽的味道随后展现出来。总而言之，这款酒不适合喜欢低酒度或者芳香型金酒的酒友。

整体风味：杜松	
5*	**调制金汤力鸡尾酒**：强度很大的一款鸡尾酒。杜松得以完全释放。此外，还有些许柑橘气味，也非常讨喜。
3.5	**搭配西西里柠檬水饮用**：强度依然很高，不过显得有些过头了。口感严重偏干。
5*	**调制尼格罗尼鸡尾酒**：建议使用N1比例调配。这一比例之下，鸡尾酒完整的包裹住了杜松元素，浆果（想想黑樱桃的味道）和味美思标志性的苦甜味一起出现。强度大，同时也非常美味。
5	**调制马提尼鸡尾酒**：这款金酒的体量之巨大，其实对鸡尾酒的调制是不太友好的。需要加入不少水进行稀释，以平息金酒带来纯粹的亢奋感。香薄荷与草本气息混合、贯穿始终，绝对是一款疯狂而强烈的鸡尾酒。

金酒面面观

植物原料

杜松、当归根、芫荽籽、甘草根。

添加利伦敦干型金酒
TANQUERAY LONDON DRY GIN
酒精浓度43.1%

　　1830年，查尔斯·添加利（Charles Tanqueray）在伦敦的布卢姆茨伯里区开始经营酒类生意。当时的布卢姆茨伯里区出名靠的还不是文学，而是各种酒水饮品。这是一款经典的金酒，其植物组成充分体现了传统金酒配方的简洁性；这款酒的前调由颇为突出的芫荽和杜松气味组成。

　　作为金酒中的佼佼者之一，如今的添加利金酒由帝亚吉欧集团旗下的卡梅隆桥酒厂生产，但仍在使用老汤姆蒸馏器进行蒸馏。添加利金酒的口感是干爽而直接的，以大量的松柏/芫荽气味开始。在这款酒中，所有元素都有展现自我的机会、同时也为其他植物元素提供支撑——堪称是简约不简单的典范。开始时灰尘感略重，需要时间让杜松的气味扩散开来。想象一下经蒸馏处理过的冷杉的味道，你就大概明白这款金酒的味道了。这款严谨的金酒是为古典金酒爱好者准备的，并不适合那些喜欢新型金酒的酒友。

整体风味：杜松	
4	**调制金汤力鸡尾酒：**厚重而自信的混搭，建议将比例调整为1:3或以上。干爽的感觉也让奎宁味更加明显。很平衡，但不适合胆小的人。
4.5	**搭配西西里柠檬水饮用：**本以为会有冲突，但表现却出人意料的好，柠檬水带来了微妙的、有棱有角的柠檬元素。
5	**调制尼格罗尼鸡尾酒：**建议使用N1比例调配。喧嚣、丰富、深沉，金酒浓烈的松木香展露无遗、味美思带来了更多异国情调，而金巴利酒则增添了苦涩的柑橘味。不可多得的一款优秀组合。
5*	**调制马提尼鸡尾酒：**添加利就是为此而生的。味美思的贡献最大，给整款酒带来了提升，而金酒自身的油润感也完全显现出来了。不要尝试去随意调整添加利金酒，遵循它本来的意愿就好。

植物原料

杜松、当归根、芫荽籽、甘草根、洋甘菊花、鲜橘皮、鲜青柠、鲜葡萄柚皮。

添加利10号金酒
TANQUERAY NO. TEN
酒精浓度47.3%

　　这款酒于2000年推出，作为添加利金酒系列的延伸。添加利声称这是世界上第一款使用新鲜而非干果皮生产的金酒。这些新鲜原料在该品牌独创的10号小型蒸馏器中蒸馏，然后再与其他植物成分混合、一起加入壶式蒸馏器中进行二次蒸馏。

　　虽然基调相同，但与标准添加利金酒的泥土味、杜松味的力量感相差甚远。大量的新鲜柑橘和更多的当归气味、一些近乎于雪松/紫杉的松木气味，此外还有些许檀香。这款酒的口感是肉质的，带着浓重的花香和水果糖浆的味道，但松香依然存在。一切都显得非常克制，但别忘了，这归根结底还是一款金酒。

整体风味：柑橘	
2	**调制金汤力鸡尾酒：**水果和汤力水冲突严重，气泡让各种元素支离破碎，而非团结一致。调出来的鸡尾酒和肥皂水没什么区别了。
3.5	**搭配西西里柠檬水饮用：**当各种水果元素都结合在一起后，效果要好不少。这款饮品轻盈、有新鲜感，而且终于显现出金酒本身的果味了。
5	**调制尼格罗尼鸡尾酒：**建议使用N2比例调配。整体芳香宜人。两大成分（味美思与金巴利酒）的减少催生了除柑橘、水果和松香之外的新气味——玫瑰香气。总之，这是一款清新的、适于午后饮用的尼格罗尼鸡尾酒，带有时髦的草本味。
5*	**调制马提尼鸡尾酒：**这款金酒就是为调制马提尼鸡尾酒而生的。如果你喜欢芳香的气味，可以选择水分更多的4:1，给你以极致奢华的享受。我个人会调整至5:1，在这一比例下，杜松气味的平衡性更好。

植物原料

杜松、芫荽籽、当归根、鸢尾根、甘草根、苦杏仁、鲜橙皮、鲜柠檬皮、鲜葡萄柚皮、肉桂、小豆蔻、紫罗兰。

塔奎恩海狗金酒
TARQUIN'S THE SEADOG
酒精浓度57%

　　原始版本的塔奎恩金酒给我留下了深刻的印象——这种好感并没有随着时间的推移而减弱。因此，当这款酒更高浓度的版本问世以后，一下就吸引了我的注意。这里提到的高酒精浓度绝非夸大其词，因为塔奎恩海狗金酒的浓度高达57%。不过，这款金酒以其丰富的嗅感巧妙地掩盖住了这种强度。杜松占据了主导，不过随着活泼的柑橘和芫荽元素回落，又出现了一种肉质的口感。相较于之前的标准版，这款海狗金酒更为油润，甚至还有一种奇怪的、类似于芝麻的味道；你有时还会闻到略带汗味（但并不恼人）的香气——这在杜松气味特别突出的金酒中非常常见。你首先感受到的是橘子酱般的果皮气味，之后在嗅感的引领下又穿过了一片松林，畅饮了一顿紫罗兰酒。芫荽、小豆蔻和鸢尾花的气味随后出现。很显然，这款金酒的平衡做得出神入化——这也是必须的，因为整款酒时刻处在狂暴失控的边缘。

整体风味：杜松	
4	**调制金汤力鸡尾酒：** 口感润，浓度虽高、强度虽大，却能达到平衡，只有在后段才显得有些偏干。只是有一点要牢记在心：这款酒的浓度高的吓人，所以千万记得先稀释、再饮用。
3.5	**搭配西西里柠檬水饮用：** 柠檬元素完美地中和了过量的杜松元素，整体口感丰富、值得一试。
4	**调制尼格罗尼鸡尾酒：** 建议使用N1比例调配。这一比例能够引领金酒进入一个全新的领域：更多的绿叶元素、加上干燥的红色水果，当然也少不了杜松构成的核心。整体口感坚实而丰富，只是依然要留意强度的问题。类似的体验可能也就仅此一家了。
4.5	**调制马提尼鸡尾酒：** 其他元素依然活在杜松的阴影之下，不过在绿植元素之外还是额外增添了些许矿物质感。整体口感较为平衡，个人更推荐搅拌后饮用而非加冰冷饮。

植物原料

包括杜松、芫荽籽、当归根、橘皮、葡萄柚、毕澄茄、甘草根、辣根等。

托马斯·达金金酒
THOMAS DAKIN
酒精浓度42%

1761年，托马斯·达金（Thomas Dakin）开始在沃灵顿蒸馏金酒。当时金酒声名狼藉，这对25岁的托马斯来说不啻为一个大胆的举动，但作为"特立独行者的伊顿"（沃灵顿学院在当时的诨号）的毕业生，这样的举动倒也在意料之中。1831年，托马斯的儿媳玛格丽特（Margaret）成为了酒厂的酿酒师，他的儿子爱德华（Edward）则与酿酒师爱德华·格里诺尔（Edward Greenall）展开了密切合作。1870年，酒厂被格里诺尔家族收购，达金家族也因此销声匿迹。威廉·格兰特品牌的前通信主管戴维·休姆（David Hume）重塑了达金品牌，而格里诺尔品牌的首席酿酒师乔安妮·摩尔（Joanne Moore）一手打造了这款达金金酒，身体力行地证明了女性与金酒之间的密切联系。

这款金酒的前调以杜松和柑橘元素为主，带有粉状的辛辣元素。辣根的温暖感逐渐延伸、与类似酒胶糖的香水气味中和。口感在一开始时非常温和，辣根的加入带来了刺激感，与葡萄柚元素相抵消，当归的味道在尾调中显现出来。整体流畅而平衡，定价也很合理。

整体风味：杜松	
4	**调制金汤力鸡尾酒**：芳香四溢，杜松和柑橘元素配合得很好。整体颇为深沉、非常令人满意。
5	**搭配西西里柠檬水饮用**：比金汤力组合效果更好，金酒的甜味核心得以展现出来。葡萄柚是这一组合中的主角，辣根则增加了些许干涩感。
4.5	**调制尼格罗尼鸡尾酒**：建议使用N2比例调配。同样的辛辣气味，略带干涩，更多的是植物元素的味道。有一个瞬间，一切似乎都停了下来，开始融合，宜人的大黄、蒲公英和牛蒡元素开始现身。泥土气息也得到了强化。
4.5	**调制马提尼鸡尾酒**：个人建议稍加稀释，从而使辣根和味美思更和谐地融合，而不至于失去强度。这样能带来更多的肉质感，余味中的柑橘元素也得到了强化。

106

奇洛特之心金酒
ZEALOT'S HEART
酒精浓度44%

　　精酿狗品牌的啤酒从不以安静低调为卖点，但首次推出的这款金酒却正经得让人感到惊喜。不过，这也并不违背精酿狗的品牌精神。一切还得从海曼金酒发起的一场杜松运动说起，运动的纲领很简单：金酒应该以杜松为核心。奇洛特之心金酒在这场运动中扮演了先锋旗手的角色，大声疾呼："让杜松回来吧！！！"问题在于，酿酒师史蒂文·克斯利（Steven Kersley）能否在突出杜松的同时让杜松与其他元素和谐相处？

　　为了保证杜松的地位，柑橘类元素经过了精心调整——以葡萄柚和酸橙花为绝对主力、口感酸甜。之后再次转向树脂元素，同时并未削减浓郁的前调，避免让树脂气味泛滥。渐渐地，帕尔玛紫罗兰和硬糖的味道开始显现。口感厚重油润，让人安心，开始时一度干涩得令人吃惊，之后逐渐趋于稳定的柑橘气味，在强而有力的同时也保持了不错的平衡，堪称是一款真正的金酒。

整体风味：杜松	
4	**调制金汤力鸡尾酒：** 胸有成竹、自带柠檬元素点缀的组合。在其他元素的配合下，杜松并没有傲视群雄、一枝独秀。整体持久性不错，口感干爽。
5	**搭配西西里柠檬水饮用：** 在杜松一路前行、登峰造极之前，其他元素的存在突出了前调。后段柠檬元素开始接管、加入了些许果皮的苦味元素。整体口感丰富而成熟。
5*	**调制尼格罗尼鸡尾酒：** 建议使用N1比例调配。大量杜松元素的出现可谓在意料之中。口感浓烈，每种元素都更具分量感、味道先苦后甜，后调呈现出松木香和些许咸味。整体是一款相当成熟的鸡尾酒。
4	**调制马提尼鸡尾酒：** 因为含有大量杜松的缘故，建议稍加稀释之后饮用，让味美思充分起到抑制作用。整体口感坚实、干爽。

欧洲金酒

金酒诞生于欧洲大陆，但长期以来，它的故事却一直由英国品牌所主导。随着大量新品牌和新方法的出现，这一情况也出现了很大的改观。

在新型金酒的世界中，那些最有头脑的酿酒师彻底颠覆了传统金酒的概念。虽然这些人也认可伦敦干型金酒，但并不为狭隘的植物配方所束缚，因而得以创造出许许多多崭新的、具有鲜明地域特色的优质金酒。

如果你选择在北欧制造金酒——那么该地区有着大量特色植物任君挑选。何乐而不为呢？通过引入本地特色植物，北欧酿造的金酒已然成为新北欧食品运动的代表之一。

如果你选择在德国的葡萄酒产区酿造金酒，何不从当地丰富的葡萄酒风味中汲取经验呢？

如果你选择酿造经典的荷式金酒，何不将传统方法融入到现代的干型风味之中呢？特别是在身处西班牙、各种橄榄和香草俯拾即是的地方，为什么要舍近求远呢？

这一切汇聚在一起，编织成了一张异常丰富的风味之网，让人沉醉其中、流连忘返。

植物原料

杜松、芫荽籽、当归根、鸢尾根、柠檬皮、橘皮、酸橙皮、天堂椒、肉桂、肉豆蔻、葛缕籽、小豆蔻、茴香籽、茴芹籽、玫瑰花和玫瑰根、蓝莓、大黄、红三叶草、白三叶草、薰衣草、薄荷、接骨木花、越橘、洋甘菊、山金车花。

巴雷克斯滕草本金酒
BAREKSTEN BOTANICAL
酒精浓度46% 挪威

"先锋"一词在饮品行业往往是言过其实的，但对于挪威金酒而言却并无夸大之处——毕竟这个国家先是经历了11年的禁酒令，后又于1927年对酒类蒸馏行业实施国家管制，直到2005年才放开限制，允许私人蒸馏。挪威新一代的酿酒师对于挖掘旧纸堆中的经典配方并无兴趣，他们想要做的是开拓出一个崭新的领域。斯蒂格·巴雷克斯滕（Stig Bareksten）就是其中一员。巴雷克斯滕长发飘飘、胡子拉碴，常年和森林打交道。自2015年起，他就在位于卑尔根的奥斯手工酒厂探索各种野生植物的不同风味。

26种植物原料都肩负着一项共同的使命——营造出具有当地特色的饮用体验。关键在于，巴雷克斯滕巧妙地在苔藓元素、森林的泥土元素和各类芳香元素之间取得了微妙地平衡。当所有元素碰撞在一起时，口感呈现出大量干燥杜松元素的冲击。以马铃薯为原料酿造的基酒为这一看似矛盾的组合提供了充足的支撑：嗅感偏干，有着浓郁、芬芳的花香；柑橘、树脂气味一个不少，余味清新质朴。整体是一款素质优秀的金酒。

整体风味：杜松	
3	调制金汤力鸡尾酒：部分具有复杂风味的金酒能够比较好地搭配汤力水调制鸡尾酒。不过大多数情况下都是白搭——这一组合就是如此。此外，在这一组合中，加水稀释也起不到延长和增强的作用，反而成了破坏本身平衡的累赘。
3	搭配西西里柠檬水饮用：气味芳香，口感清新，是一款颇为有趣的组合。整体有一定的活力，但未能保持金酒本身的复杂性。
4.5	调制尼格罗尼鸡尾酒：建议使用N3比例调配。这款金酒有很多特点，轻盈的口感有助于增加水果、干爽和果皮的味道，同时也能带来更多的层次感。
5	调制马提尼鸡尾酒：这一组合中，丰富的植物配方大放异彩：草本、水果、松木香，还有明亮的柑橘元素各显神通。前调显得颇为克制，随后开始加速，最终推动芳香元素一路高歌猛进、达到顶峰，在进入尾调之前甚至还有一个短暂的停顿。

植物原料

杜松、罗甘莓、野生黄莓、红莓苔子
"山地草本"

比弗罗斯特极地金酒
BIVROST ARCTIC GIN
酒精浓度44% 挪威

在挪威的最北部、距离特罗姆瑟1小时车程的地方，有着世界上纬度最高的酒厂——极光酒厂。该酒厂由当地医生/企业家汉斯·奥拉夫·埃里克森（Hans-Olav Eriksen）、潜水员托尔·佩特·克里斯滕森（Tor Petter Christensen）和妻子安妮·利斯·豪斯纳（Anne-Lise Hausner）联手创立，地点选在一处废弃的北约基地旁边（二战时期，该基地也曾是德国根防线的一部分）。极光酒厂的蒸馏师杰尔蒙德·斯滕斯鲁德（Gjermund Stensrud）选用来自遥远北方的原料酿造金酒，也造就了比弗罗斯特金酒的独特风味。

比弗罗斯特（北欧神话中连接地球和神之国度阿斯加德的彩虹桥）金酒有着鲜明的杜松风味，口感新鲜，呈现出近乎冷杉的气息，酸酸的果味随后出现——野生黄莓横空出世，为原本过于精确和朴素的口感增添了几分蜜糖般的柔和，祛除了凛冽的寒意，带来了温暖。浆果成分则带来了味道和果味；些许草本气味让后调和余味充满了新鲜绿植的气味。总而言之，这是一款货真价实的北欧干型金酒。

整体风味：杜松/草本	
4	**调制金汤力鸡尾酒：** 洁净干爽，口感清新。整体坚实稳固，杜松占据了主要地位、边缘有一定的软化。虽然略显生硬，不过确实解渴。
4.5	**搭配西西里柠檬水饮用：** 非常好喝的组合，柠檬与酸性水果元素的配合恰到好处。尾调里还有淡淡的甜味。
3.5	**调制尼格罗尼鸡尾酒：** 建议使用N3比例调配。金酒没有特别突出，所以很容易被金巴利酒打乱节奏，因此需要注意控制两者的比例，从而更好地展现出水果元素。总而言之，这是一款沉稳平衡的尼格罗尼。
4.5	**调制马提尼鸡尾酒：** 草本元素在这一组合中居然盖过了杜松的风头，北欧的寒意也找到了合适的归宿。整体非常开胃，值得一试。

植物原料

杜松、芫荽籽、毕澄茄、肉桂、丁香、茴香籽、玫瑰果、柠檬草。

博比希丹干型金酒
BOBBY'S SCHIEDAM DRY
酒精浓度42% 荷兰

　　荷式金酒并不是唯一处于复兴之中的荷兰蒸馏酒；当地的酿酒师也在充分发挥着他们的聪明才智、对干型金酒进行了现代化的改造。对于塞巴斯蒂安·范·博克尔（Sebastiaan van Bokkel）而言，这样的改造是基于对荷兰香料贸易史以及家族历史的深入研究和总结。"博比"（Bobby）是博克尔祖父的绰号，20世纪50年代，他的祖父从印尼来到荷兰金酒之都希丹，开始选用当地的香料酿制金酒。时间来到了2014年，范·博克尔决定创办博比品牌，而这些祖传配方也就成了他的灵感来源。这款博比希丹金酒由赫尔曼·詹森（Herman Jansen，详见本书第173页）代工生产——詹森品牌同时也是博比公司的股东之一。8种植物成分单独蒸馏、然后混合。

　　酒的前调以芬芳和辛辣为主，随后是花香、芳香和西洋参的味道，胡椒和芫荽的味道也随之而来，杜松则低调的躺在下面。这款金酒的口感同样辛辣，有柠檬草的气息和甜美的果味，倒是和哈瑞宝软糖的味道有几分神似。尾调中杜松才得以充分地展现自我。

整体风味：辛辣	
2.5	**调制金汤力鸡尾酒：**这一组合有着一股独特而奇异的香气，好像汤力水倒进了一个放满香料的橱柜之中。口感略带油润。
2.5	**搭配西西里柠檬水饮用：**香料气息有点淡，但在中段得到了少许加强。与上一组合相似，各种元素的搭配显得有些勉强。
4	**调制尼格罗尼鸡尾酒：**建议使用N2比例调配。虽然香料气息依然占据主导，不过呈现出的是红色莓类水果气味，而且显得相当克制。若是搭配香料和背景中的些许苦味，整体效果很好。
3	**调制马提尼鸡尾酒：**口感温润，丁香、芫荽和毕澄茄都在嗅感中发挥得淋漓尽致，美中不足的是口感并不那么和谐，有些自相矛盾。

植物原料

杜松、芫荽籽、肉豆蔻、肉桂、小豆蔻、月桂、血橙、柠檬皮。

荷兰干型金酒
BY THE DUTCH DRY
酒精浓度42.5% 荷兰

　　2017年，历史悠久的家族企业赫尔曼詹森（Herma~~n~~ Jansen）推出荷兰干型金酒、正式进入干型金酒市场。这款金酒的蒸馏方法十分复杂，每一种植物成分都会根据其香气释放的难易程度调整浸渍时间（最长可达两周）、单独蒸馏，最后才进行混合。

　　荷兰干型金酒的前调是经典的荷兰杜松和芫荽的组合，接着是令人难忘的花香和小豆蔻。这一过程中，柑橘元素只是提供了微妙的点缀。这款金酒的口感非常丰富（算是向荷式金酒致敬？），有着红酒香料和橙子的味道，杜松和月桂元素的搭配也非常到位。在嗅感中大放异彩的芫荽得到了一定的抑制。整体劲道十足、口感丰富，是一款相当不错的金酒。

整体风味：辛辣	
3.5	**调制金汤力鸡尾酒：** 这一组合中的芫荽元素集中爆发，杜松和月桂只能甘拜下风，整体是一款干净体面的鸡尾酒。
4	**搭配西西里柠檬水饮用：** 柑橘（包括果皮和芫荽）元素在这一组合中起了主导作用。整体很有劲道，让人颇为满意。
4.5	**调制尼格罗尼鸡尾酒：** 建议使用N3比例调配。首先呈现出红色水果的气味，然后是丁香、紫罗兰根和干果的味道，香料和柑橘直到最后才出现，整体的平衡感给人留下了深刻印象。
3.5	**调制马提尼鸡尾酒：** 味美思的加入抑制住了叶子元素、强化了芫荽与月桂。即使在6：1的比例之下，味美思的效果也依然比较突出。口感的基调以薄荷和草本味为主，核心是血橙的甜味。建议加冰冷饮，效果更佳。

金酒面面观

杜松、芫荽籽、当归根、小豆蔻、橘皮。

铜头蛇金酒
COPPERHEAD ORIGINAL
酒精浓度40% 比利时

　　相较于各种让人眼花缭乱的配方，这款铜头蛇金酒朴实无华的配方简直是一种救赎。简简单单的5种植物原料，再无其他的东西了。唯一能让人眼前一亮的就是这款金酒的瓶体，余下的就是经典的伦敦干型金酒应有的品质，整体平衡、口感干净脆爽、杜松气味突出。

　　各种植物成分有序排列：松木香、胡椒、小豆蔻的微妙香味，还有带来活力与平衡的果皮元素——在后调逐渐变干、显示出植物根茎的气味来。这款金酒的酿造方式让每种元素都充分显现出来，自然也就揭示出了它们的相互作用。铜头蛇金酒的口感并不像你想象的那样偏干，甚至有些许饱满的感觉：有包覆感、小豆蔻变得更加突出，在当归和杜松中加入了它的烟熏气味。大约在四分之三的时候，口感就会变得更加脆爽。总而言之，这是一款真正的居家常备金酒、值得一试。

整体风味：杜松	
4	**调制金汤力鸡尾酒：**口感干爽、虽然持久性欠佳，依然是一款经典的传统金酒。铜头品牌也生产多种调酒用添加剂，可以滴入金汤力中改善风味。
4	**搭配西西里柠檬水饮用：**有时，柠檬带来的是绵软的质感；有时，金酒又让它变得更有活力。这一组合显然属于后者。小豆蔻是这里的关键，整体是一款宜人的饮品。
5	**调制尼格罗尼鸡尾酒：**建议使用N2比例调配。尼格罗尼是这款金酒的首选搭配，前提是要做到让金酒和其他元素平衡。杜松的加入让金巴利酒的扭曲得到了一定的平衡，增加了质感。整款酒冲劲十足、层次分明。
4.5	**调制马提尼鸡尾酒：**这是一款饱满的马提尼——那种独特口腔包覆感再度出现。当归领头，杜松紧随其后，中段有着堪称完美的平衡，尾调逐渐软化。

植物原料

杜松、芫荽籽、当归根、杏仁、甘草根、苦橙皮、柠檬皮、薰衣草、姜、茴香籽、肉桂、黑胡椒、肉豆蔻、小豆蔻、苹果薄荷、柠檬百里香、柠檬薄荷、柠檬马鞭草、佛手柑、黑刺李、桃子、椴桲、鲁比内特苹果、啤酒花、龙舌兰玫瑰、多花蔷薇、玫瑰果、百香果花、茉莉花、接骨木花、洋甘菊、檀香木、雷司令酒。

费迪南德萨尔干型金酒
FERDINAND'S SAAR DRY
酒精浓度44% 德国

2013年，长期以来一直从事蒸馏酒经销业务的丹尼斯·莱因哈特（Denis Reinhardt）和埃里克·威默斯（Eric Wimmers）灵感突现，决心打造一种全新的金酒风格。为了落实这一灵感，他们还找来了另外两位来自萨尔河畔的朋友——温奇灵根阿瓦迪斯酒厂的安德烈亚斯·瓦伦达（Andreas Vallendar）和哲林肯森林管理者酒庄的多萝西·齐利肯（Dorothee Zilliken）。

这款萨尔干型金酒含有30多种植物原料，其中大都是当地出产的，一般由酒厂花园自产自销；此外，还有用于酿造基酒的斯佩尔特小麦、黑麦和普通小麦。蒸馏后的酒液还会适时加入哲林肯品牌的雷司令酒。这款金酒的香气出奇的干爽。伴随着浆果、洁净的柑橘和花香元素（薰衣草和玫瑰）的混合，鼠尾草般的杜松和香草的味道紧随其后。随着时间的推移，姜和苹果的味道也逐渐延展开来。整体口感圆润、略显干涩，有甜瓜、梨、葡萄、茉莉和洋甘菊的味道，但柑橘仍然占据绝对主导。整体口感偏柔和，有着相当不错的持久性和延展性。

整体风味：柑橘/花香	
3.5	**调制金汤力鸡尾酒**：汤力水的加入让这款金酒闪闪发光，一些深层元素也被挖掘出来，只是显得有些散乱。可以尝试作为法国75号酒。
4	**搭配西西里柠檬水饮用**：这一组合中，梨子元素会自动调整成为整款饮品的中心，感觉非常柔软——如果你比较讲究的话，可能会觉得太过绵柔无力了。
3.5	**调制尼格罗尼鸡尾酒**：建议使用N4比例调制。嗅感略显压抑，味觉上却成功突出了类似马拉斯加樱桃酒的一面。整体质感依然不错，只是很难感受到金酒自身的特色了。
5	**调制马提尼鸡尾酒**：这种质感在低温下更加明显，金酒在舌尖上跃动着，展现出充沛的生命力与活力——充满野性的草本和果味元素占主导地位，然后是杜松的味道，整体复杂、余味悠长，是一款绝佳的鸡尾酒组合。

杜松以及其他28种植物原料。

菲利埃斯28号干型金酒

FILLIERS DRY GIN 28

酒精浓度43.7% 比利时

这款酒由比利时的荷式金酒专家打造，首创于1928年，共使用了28种植物原料，是菲利埃斯品牌的第一款干型金酒。不少金酒都喜欢以选用的植物原料数量多作为卖点，但到头来很可能只是个噱头。不过在这款酒中，你确实能感受到真正的植物原料带来的复杂性。杜松带来了宽敞的、以石楠木气息为主导的前调，接下来就像走进了一个香料市场——令人难忘的前调将你引入了一个花香和果味主宰的王国。这款酒在加水稀释后略显干涩，不过也呈现出更多的鸢尾花香。这款酒的口感非常之复杂——它是辛辣的，但在杜松再次出现之前，果皮就会开始发力。就在你认为它最终会呈现出偏干口感的时候，这款酒又会让你感受到些许的甜味、同时掀起另一轮的小高潮。这绝对是一款口感立体的金酒。

整体风味：杜松/辛辣	
5*	**调制金汤力鸡尾酒：** 气泡有时对于一款饮品有着很重要的作用。在这一组合中，气泡有助于提升植物的香气，让这些香气在鼻腔内爆开。金酒中的芳香元素与奎宁的组合非常和谐。总之，这是一款口感丰富的金汤力，适合在经历了漫长的一天之后饮用。
3	**搭配西西里柠檬水饮用：** 嗅感中的胡椒味更充足，但与其他元素的配合很好。与金菲士有些相似，但金酒的味道几乎完全被盖住了。
4	**调制尼格罗尼鸡尾酒：** 建议使用N2比例调配。你需要做的是把握住金酒本身的复杂性，但即使在这一比例下也不容易做到。总体是一款坚实可靠的鸡尾酒。
5*	**调制马提尼鸡尾酒：** 以4:1的比例调制时，给人以一种从容而优雅的感觉，金酒的复杂性得以充分释放出来。如果再干一些，整款鸡尾酒会显得更加直截了当，但并没有失去金酒的复杂性。这绝对是一款让人满意的优秀饮品。

植物原料

杜松、芫荽籽、当归籽、鸢尾根、毕澄茄、牙买加胡椒、小豆蔻、橘皮、苦橙皮、甜橙皮、马鞭草、薰衣草、蒸馏梨汁。

森林干型金酒秋季款
FOREST DRY, AUTUMN
酒精浓度42% 法国

安特卫普米其林星级餐厅辉煌的老板兼侍酒师于尔根·利科普斯（Jürgen Lijcops）决心生产自己的金酒。他坚信，杜松应当是这款金酒的核心元素。随后，于尔根与拥有诺曼底50公顷森林领地的帕特里克·德·凯斯梅克（Patrick de Keersmaecker）建立了合作关系，从后者那里采购、蒸馏植物。该品牌的金酒分为不同的季节款式，每个"季节"都代表了不同的植物配方。

在这款森林干型金酒（请不要和同名的英国金酒混淆）中，既有微微的醋味，又汇聚了多种精油成分，算是对于欧洲新型酿造方法的一种致敬。这款秋季金酒在水果和花香（尤其是薰衣草）元素之间取得了恰到好处的平衡，更深层次的紫罗兰、鸢尾花、浮夸的杜松、带香料气息的水果，还有微妙的马鞭草气息带来了一定的分量感，似乎预示着秋天的丰收。蒸馏梨汁的使用堪称点睛之笔，在带来新的香味元素的同时，也有效避免了植物成分过于浓厚、喧宾夺主。总而言之，这款森林金酒既是一款现代化的欧洲金酒，同时也是一款尊重传统、致敬经典的金酒。

整体风味：果味/花香	
5	**调制金汤力鸡尾酒：** 口感深厚，拥有近乎粉的质感和较低浓度的杜松。长度适宜，风味不错，而且足够干爽，可以从容地与汤力水搭配。
5	**搭配西西里柠檬水饮用：** 口感相当复杂，仿佛又增加了一种全新植物成分（而且相当宜人）。口感更加活泼，同时浓度也有了加强。
3.5	**调制尼格罗尼鸡尾酒：** 建议使用N4比例调配。对于金酒的特质有很好的保留，有一些增强的香料味，但并未因此失去甜味元素。如果一定要挑毛病的话，这款鸡尾酒的草本味（主要是莳萝和当归的味道）还是重了些，杜松的味道偏淡。不过瑕不掩瑜，整款饮品口感多汁、甜味适宜。
3	**调制马提尼鸡尾酒：** 这一组合中有着明显的梨香，水果和香料元素都变得更加突出，但也因此产生了不少矛盾和冲突，也许纯饮效果会更好。

植物原料

包括杜松、芫荽籽、佛手柑、橘皮、茉莉花、乌龙茶、薰衣草。

75号金酒第一版

GIN 75 BATCH 1
酒精浓度43% 法国

2014年，尼古拉斯（Nicolas）和塞巴斯蒂安·朱尔斯（Sébastien Juhlès）联手创立了巴黎蒸馏酒厂——这也是近百年来在巴黎合法建立的第一个蒸馏酒厂。对于尼古拉斯而言，投身蒸馏酒行业有两个主要原因：其一是家族的优良传统，其二是他本人曾长期在帝亚吉欧集团从事酒类培训工作。在美食和葡萄酒的包围下，两人投身酿酒业也自然是迟早的事。此外，尼古拉斯对香水的痴迷也决定了他们会首选酿造金酒。

嗅觉上的"香水感"指的是具有清晰、强度和精确的特性（如果想充分感受这一点的话，可以试试他们酿造的另一款酒——贝莱尔，你能领略到相当惊人的香根草的冲击感）。在这款金酒中，佛手柑和茉莉花占据了绝对的主导，此外还有柔软的甜瓜、蜂蜜和草本带来的干爽感。强有力的杜松元素直到中后段才姗姗来迟。整款金酒的口感非常细腻、优雅而甜美，尾调有着近似于南瓜的独特香气——毕竟，这不是一款你熟悉的寻常金酒，而是对于金酒的一种法式演绎与重组。

整体风味：柑橘/花香	
2	调制金汤力鸡尾酒：这款鸡尾酒给我的感觉就是适合小口啜饮而非长饮。虽然汤力水确实可以一定程度上与其他更加活泼的元素形成平衡，但整体口感只能说是支离破碎的。
2.5	搭配西西里柠檬水饮用：其他元素与佛手柑之间形成了比较和谐的组合，但金酒本身独特的香水元素却荡然无存。
4	调制尼格罗尼鸡尾酒：建议使用N4比例调配。这个组合的效果要好上不少。花香给人以恰到好处的厚重感，有丰富的秋季果味和微妙的果皮气息，虽然金酒的特性一定程度上遭到了压制，但整体口感还是相当宜人的。
4.5	调制马提尼鸡尾酒：这款鸡尾酒的组成相当复杂而稳定：柠檬、红色水果、野花各安其位，呈现出纯净而略带薄荷味的口感，整体效果极佳。

植物原料

当地采集的植物成分包括：杜松、桦树叶、沙棘、蔓越莓。

凯罗金酒
KYRÖ
酒精浓度46.3% 芬兰

黑麦是凯罗品牌独特性的核心。作为芬兰最广泛种植的谷物，黑麦在该品牌生产的威士忌和金酒中都得到了很好的体现。这款金酒自然也不例外，所用的基酒是中性的黑麦酒，而非该品牌的新酿威士忌（虽然我确实很想试试芬兰的罗格黑麦荷式金酒）。即便基酒有着极高的强度，你依然能够感受到些许胡椒/烘烤香料的气味。这款金酒中有着鲜明的杜松气味，但也有一种平衡而圆润的甜味——水果的果皮带来了额外的刺激。

你可能会认为喝这款酒就像坐在桑拿房里被杜松树枝拍打一样痛快，不过实际并非如此，诸多复杂的元素囊括其中。口感呈现出树脂、桦树汁、草本和松木带来的油润感，也有清爽宜人的酸度（也许是沙棘和麦芽基酒的贡献）和甜美而又辛辣的后调，为酒体增添了额外的活力。随着时间的推移，深色浆果与杜松元素混合在一起，而柑橘的出现则让后调显得轻快活泼。总之，这是一款酿造工艺相当精巧的金酒，拥有鲜明的芬兰特色。

整体风味：杜松	
5	**调制金汤力鸡尾酒**：口感丰富而柔和，是一款不偏干的金汤力鸡尾酒，中段有着非常稳固的杜松元素、整体档次感十足。
3.5	**搭配西西里柠檬水饮用**：这一组合有着颇为灵动、近乎于糖果味的香气。口感有一定的提升，但还是太多了些。
5	**调制尼格罗尼鸡尾酒**：建议使用N1比例调配。前调是以植物根茎为代表的大量干燥元素，干浆果元素紧随其后。整体口感复杂而厚重，酸度平衡、尾调还有一些香料粉和杜松的味道。
5*	**调制马提尼鸡尾酒**：低温饮用效果更佳，有着淡淡的柠檬/花香元素。入口后更加饱满，口感丰富而不腻，之后还呈现出着冰冷的松木香味，很有档次感。

杜松、肉豆蔻、芫荽、小柑橘、当归根、青柠、地中海柠檬、柑橘、海地橘皮、香橙花、肉桂皮、杏仁。

拉里欧金酒
LARIOS
酒精浓度37.5% 西班牙

　　这是西班牙销量最大的金酒——考虑到西班牙酒类消费总量之大，这款金酒的实际销量是相当惊人的。这款酒散发出淡淡的香气，整体干净、略带柠檬味，有大量的芫荽气味，而后呈现出的似乎是葡萄柚皮的气味。时间稍久之后，还会有一些胡椒香料、紫罗兰和鼠尾草的味道，随着橘皮气味的出现又逐渐变淡。可能因为这款酒的浓度比较低，整体口感干净而清淡，带有淡淡的灰尘味。然而，这款酒的尾调出现了意料之外的拐点，呈现出更多植物根茎的味道。

整体风味：柑橘	
2.5	调制金汤力鸡尾酒：口感清新，前调柠檬味十足，但即使以2:1的比例调制，汤力水也会显得喧宾夺主了，造成这一点的主要原因还是金酒本身的分量不足。
3.5	搭配西西里柠檬水饮用：金酒和芬达柠檬汽水的加入让这款饮品的效果更上一层楼。整体干净清爽，很有特色，芬达柠檬汽水带来了活力。即便它无法完全展现出拉里欧金酒的特色，依然不失为一款不错的饮品。
3.5	调制尼格罗尼鸡尾酒：建议使用N2比例调配。试想一下，待在某个破落西班牙酒吧里的你只想赶快来上一杯内格罗尼，环视一周后却发现只有拉里欧金酒。但你并没有犹豫，还是点了一杯。因为这款酒的表现还是不错的，虽然谈不上最好，但也远远不是最糟糕的。
3.5	调制马提尼鸡尾酒：以4:1的比例调制时需要一定的延长，因为味美思在这一比例下占据了主导地位。整体干净宜人，但选择一款酒精浓度为37.5%的金酒来调制马提尼本身就是一件很有挑战的事情。

杜松、肉豆蔻、当归根、芫荽籽、柠檬皮、橙皮、陈皮、柑桔皮、小柑橘皮、葡萄柚皮、青柠皮、橙子花。

拉里欧12号金酒
LARIOS 12
酒精浓度40% 西班牙

这款拉里欧12号金酒是拉里欧金酒的一款优质变体，是为了迎合西班牙市场对高端金酒与日俱增的需求而生产的。这款金酒使用了十几种植物原料，直到第四道工序——也就是最后一道工序之前——才在蒸馏器中加入橙子花。这款拉里欧12号金酒保留了标准拉里欧金酒的特色、同时提高了酒精浓度：更高的浓度有助于保留更多不稳定的前调。嗅感揭示出这款酒一定使用了超大量的果皮和花朵，口感又苦又甜、酸爽而清脆，之后还有微妙的松木味。随着时间的推移，花朵元素的精致就会显现出来。总体而言，口感很优雅，就是可能会有些偏淡、有点像咬了一口新鲜柑橘的感觉。

整体风味：柑橘	
3	**调制金汤力鸡尾酒：**这款鸡尾酒的前调呈现出丰富的青柠和葡萄柚气味。口感清凉干爽，丰富度也不错。唯一的问题在于整款饮品的持久性欠佳。
3.5	**搭配西西里柠檬水饮用：**这一组合里的各种元素都让人眼花缭乱，只是持久性依然不足。
3.5	**调制尼格罗尼鸡尾酒：**建议使用N2比例调配。味美思成功抑制住了活力四射的柑橘——这未必是坏事。口感清淡，略微有些草本味，整体清爽而干净。
3.5	**调制马提尼鸡尾酒：**新鲜有活力，所以不需要营造太多转折。整体略微有些清淡了，花香与味美思的气味相映成趣。

植物原料

阿尔贝吉纳橄榄、迷迭香、罗勒、百里香、杜松、芫荽籽、小豆蔻、橘皮。

玛尔金酒
GIN MARE
酒精浓度42.7% 西班牙

　　玛尔金酒是一款比较特别的新型金酒，由加泰罗尼亚维拉诺娃·伊·格特鲁镇的一个小酒厂酿造。目前，该酒厂由吉罗家族（Giró family）所有，该家族同时也是面向大众市场的MG金酒品牌的幕后推手。然而，玛尔金酒与MG金酒清新雅致的正统风格大相径庭，因为主理人马克（Marc）和曼努埃尔·吉罗（Manuel Giró）希望这款酒能成为他们特定环境下的芳香蒸馏酒——真正的地中海风情鸡尾酒。这些植物原料或是单独蒸馏、或是混合蒸馏，一共提取出6种馏分，然后再进行下一步的混合。

　　这款酒的嗅感中并没有杜松的气味，而是橄榄、罗勒、百里香和些许橘子果酱的味道。在适当的时候，你还会闻到茴香和些许胡椒的气味，迷迭香紧随其后。只有加水稀释后，紫色浆果的气味才会显现出来。口感似乎略带甜味，但从中段开始变得干涩，新鲜草本的味道也从这里开始出现。整体很平衡，蒸馏的效果也很不错。但这款酒还能算是金酒吗？按现在的标准来看，算是的。

整体风味：花香/草本	
4	**调制金汤力鸡尾酒**：整体干净，很好地保留了金酒本身的特色。汤力水与草本的搭配效果也很好。
4.5	**搭配西西里柠檬水饮用**：嗅感非常芳香，各种元素的表现都很好。口感偏淡，但依然忠实保留了金酒本身的特色。
3.5	**调制尼格罗尼鸡尾酒**：建议使用N4比例调配。橄榄元素是这一组合中最大的问题。在其他饮品中的效果都很好，但与味美思就是不搭，口感变得有点像意大利面的红酱。
4.5	**调制马提尼鸡尾酒**：用玛尔金酒调制的马提尼就完全不需要加橄榄了。持久性很不错，整体稍显油润，香气浓郁。

植物原料

杜松、当归根、芫荽籽、鸢尾根、甘草根、肉豆蔻、毕澄茄果实、丁香、小豆蔻、肉桂皮、肉桂、天堂椒、杏仁、姜、鼠尾草、薰衣草、合欢花、木槿花、香蜂花、金银花、茉莉花、洋甘菊、欧洲黑莓叶、越橘、云杉芽、胡椒(6种)、合欢花、菖蒲根、柠檬马鞭草、柠檬薄荷、柠檬草、柚子、苦橙皮、卡菲尔酸橙叶、黑莓、小红莓、犬蔷薇、接骨木花、山楂果、玫瑰花、芦荟、外加瓶中的紫叶酢浆草。

猴王47黑森林干型金酒
MONKEY 47 SCHWARZWALD DRY GIN
酒精浓度47% 德国

1951年，曾任英国皇家空军联队指挥官的"蒙蒂"柯林斯（"Monty" Collins）来到了德国黑森林，在这里开了一家名为"野猴"的招待所。柯林斯开始使用当地的植物原料。如杜松、越橘和云杉芽来生产金酒。在他去世之后，柯林斯酿造的金酒一直广为传颂，但配方表并没有保存下来。然而，在世纪之交的时候，有人发现了一瓶老式的"马克斯猴"金酒，连同这瓶酒出现的还有一封书信，信中详细地描述了这款酒所使用的植物配方。亚历山大·斯坦恩（Alexander Stein）与水果蒸馏师克里斯托夫·凯勒（Christoph Keller）联手，让这款经典的金酒重现于世。这是一款含有47种植物原料的复杂金酒，具有高度的芳香气味，前调是薄荷/樟脑味，之后是水果味，然后是浓郁的香水和柑橘皮的气味。口感在甜、辣、酸、咸之间变幻，淡淡的胡椒味与强烈的柑橘和草本味形成了平衡，尾调则是深色浆果的味道。适于搭配冰块长饮。

	整体风味：花香/草本
X	调制金汤力鸡尾酒：完全不适宜。
X	搭配西西里柠檬水饮用：完全不适宜。
X	调制尼格罗尼鸡尾酒：完全不适宜。
5*	调制马提尼鸡尾酒：纯饮或特干的情况下效果最佳，只需加入少量味美思即可。金酒本身已经足够复杂了，为何还要画蛇添足增加新的味道？

植物原料

杜松、芫荽籽、当归根、橙皮、小豆蔻、芹菜。

鲁特芹味金酒
RUTTE CELERY
酒精浓度43% 荷兰

　　鲁特金酒在国际市场上才一露面，就引起了世界调酒行业的广泛关注。也许是因为产品名中出现了一种不太常见的植物，也许只是因为这种植物竟然是芹菜——一般情况下，金酒的酿造并不会用到这种植物，但从创业初期以来，鲁特品牌就一直在使用芹菜。顺带一提，芹菜也是老西蒙荷式金酒中一种不可或缺的成分。

　　芹味金酒这个名字很容易让人产生误解，因为这款金酒并非由芹菜主导。它的嗅感要比干型版本来得更柔和，杜松味也相对较低（尽管仍然十分突出），些许软化的粉红葡萄柚皮也增加了柑橘类元素的强度。芹菜与当归配合，带来了略带甜/咸味的树叶气息。前段口感偏柔和，有着鲁特品牌标志性的丰富感。杜松严密地压制着其他植物元素，舌中呈现出丰富的气泡感和更多的盐和胡椒元素，之后才变得更加干爽。芹菜再一次帮助酒体保持了微妙的平衡。

整体风味：草本	
4	调制金汤力鸡尾酒：清新中带着淡淡的柑橘元素，虽然在口感上有些过于突出，但整体还是很清爽的。
4	搭配西西里柠檬水饮用：更加具有植物特色和清新质感，整体柑橘味浓郁、相当富有活力。
5	调制尼格罗尼鸡尾酒：建议使用N2比例调配。整体安然恬静，呈现出一种树叶特有的魅力，仿佛平静地吸收了其他所有元素的味道，完成度很高。后段还有着丰富的杜松和温暖的香料气味。
5	调制马提尼鸡尾酒：颇具张力的一款鸡尾酒，有着宜人的青草气息，芹菜的味道也得到了充分展现。整体显得相当克制，尾段中呈现出一种颇具分量的矿物质鼻后嗅感。这是一款非常优秀的饮品。

植物原料

杜松、芫荽籽、当归根、鸢尾根、肉桂皮、苦橙皮、甜橙皮、小茴香籽。

鲁特干型金酒
RUTTE DRY
酒精浓度43% 荷兰

　　1872年，西蒙·鲁特（Simon Rutte）在位于多德雷赫特的咖啡馆里开始经营他的酒厂，专门生产利口酒和荷式金酒。此后，酒厂一直在同一地点进行生产，酒厂位于商店的后面，如今，鲁特家族的客厅也被改造成了品酒区。对于一个中小规模的酒厂而言，鲁特品牌的生存并不容易——这一行业从来不缺乏各种挑战与困难，质量低劣的产品必然会迅速消亡。鲁特现在是世界利口酒巨头迪可派集团旗下品牌，不过迪可派并未粗暴地干涉鲁特品牌的独立研发与经营，而是告知酿酒大师米里亚姆·亨德里克斯（Myriam Hendrickx）为首的团队：集团不会介入他们的具体调酒风格和设计研发理念。这一点着实是难能可贵的。

　　这款鲁特干型金酒脱胎于该公司1918年首次酿造的金酒酒款。前调偏干，有着鲜明的杜松特色——让人想起圣诞树上的干松针。口感比嗅觉更柔和、更甜美（在感觉上也更丰满）。柑橘和草本元素占据主导，香料和杜松敬陪末座，从而让茴香更清晰地展现出来。

整体风味：杜松		
4.5	**调制金汤力鸡尾酒：**	整体是一款相当平衡的鸡尾酒。金酒的冲击力很强，但又不至于太过突出，口感相当干爽、适合那些喜欢传统金酒的酒友。
4	**搭配西西里柠檬水饮用：**	整体活力十足并且非常干爽。橙味更加突出、柑橘元素在这一组合中得到了很好的平衡。
4.5	**调制尼格罗尼鸡尾酒：**	建议使用N1比例调配。嗅感柔和、略带羞涩，口感非常出色。同样是偏干的基调，有着宜人的杜松/当归气息，后段更加干爽，呈现出更多的植物根茎气味。
4	**调制马提尼鸡尾酒：**	这一组合中最明显的是杜松和橙子的味道。口感略带燧石味，味美思与当归和茴香的组合相得益彰。给人一种冰川时代的感觉。

植物原料

杜松、当归根、菖蒲根、石楠、蓍草、酸叶草、洋甘菊、绣线菊、接骨木花、欧洲越橘、松树芽。

维达金酒
VIDDA TØR
酒精浓度43% 挪威

　　和其他欧洲金酒相比，北欧金酒有一点颇为引人注目：北欧金酒往往专注于选用本地出产的植物原料进行酿制。奥斯陆工艺酿酒厂于2015年正式推出的维达金酒更是将这一特点发挥到了极致：既然是要酿造一款挪威金酒，为什么要舍近求远、选择来自世界另一端的植物原料？选用本地植物才是真正合理的选择。维达金酒中选用的每一种植物原料都是挪威本土出产的。柑橘在高纬度地区鲜有种植，因此也让位于其他可以提供类似提神效果的植物。可以说，这款维达金酒深得新北欧料理精神的真谛。

　　即使没有柑橘类植物的加入，这款维达金酒却依旧保持着相当充沛的活力和明亮之感，整体呈现出相当明显的挪威式干爽元素，让人想起挪威当地的另一种酒——苦酒（奥斯陆工艺酿酒厂也生产这种酒）和针叶杜松的气味。这款酒的前调比你想象的还要柔和、口感厚重，甘菊和接骨木花在香料（尤其是菖蒲）之前协同工作，使酒体更加坚实。这一点被温暖的辛辣品质和松木的味道所抵消。

整体风味：杜松/辛辣	
4	**调制金汤力鸡尾酒**：植物原料在这一组合中得到了强化与提升。中段的口感略带奶油味，不过后段突然变干了。
4.5	**搭配西西里柠檬水饮用**：比金汤力效果更佳，货真价实的柑橘元素给人以活力感，整体干爽而清新。
5	**调制尼格罗尼鸡尾酒**：建议使用N3比例调配。艾草有助于干性元素的优化。整体干爽厚重、口感偏向辛辣/苦涩。所幸中段有多汁口感、尾调还有柑橘元素。
4.5	**调制马提尼鸡尾酒**：森林特色更加鲜明、口感略带金属味。你当然可以让这款酒更加干爽，但我个人还是喜欢经味美思软化过的中段口感和随之强化的草本/植物根茎元素。

125

植物原料

暂无。

雪利盖金酒
XORIGUER
酒精浓度38%　西班牙

18世纪，英国人曾一度占据了巴利阿里群岛中的梅诺卡岛（1713—1756年、1763—1783年和1798—1802年之间该岛为英国人占领），也正是在这一时期，岛上第一次开始生产金酒。因其具有重要战略意义，梅诺卡岛上驻扎有大批军队（包括水手）——他们都非常渴望有金酒喝。于是，人们进口了杜松、蒸馏基酒，马翁金酒由此诞生了。到了20世纪20年代，雪利盖品牌正式创立。该品牌的植物配方一直对外严格保密，但使用的不外乎是杜松和一些当地植物，并短暂地置于酒桶内进行必要的醇化。嗅感的前调是丰富的野生茴香花粉的气味，之后又释放出些许干苦的气味，似乎暗示这款酒中含有艾草。之后香根芹、迷迭香、薄荷和近似于芹菜的当归气味依次呈现，杜松的表现十分低调内敛。酒体饱满、肉感很足，口感呈现出月桂、草药、芫荽（很确定）以及似乎是小茴香、茴香和薰衣草的味道。这绝对是一款出色的金酒。

整体风味：花香/草本

4	**调制金汤力鸡尾酒：** 一款有着自身独特风格的饮品；汤力水能够稍稍在口感上抑制薰衣草的味道，但也随之引出了鼠尾草的味道。气味芳香，与众不同，持久性也不错。
2	**搭配西西里柠檬水饮用：** 金酒的肉感得到了凸显，但草本气味实在是过分突出了。
3	**调制尼格罗尼鸡尾酒：** 建议使用N2比例调配。只有这一比例能稍稍抑制住金酒的香气，但其实无论你怎样调整，最后调出的鸡尾酒也依然有着鲜明的梅诺卡岛特色。
4	**调制马提尼鸡尾酒：** 整体气味芳香（就像步入一座草本种植园一样芬芳），口感油润，有自身的特色。

金酒面面观

北美金酒

　　与美国啤酒行业的发展类似，金酒行业也出现了所谓的"手工酿造"运动。此外，我个人并不认为"手工"一词强调的是小规模，而是指每一位酿酒师都是匠心独运的手艺人。世界各地的酿酒师多多少少都有一些共同的特点，例如有限的规模、本地化的运营以及相当优秀的产品质量。

　　手工酿造运动的宗旨之一在于大胆假设、勇于创新：你不需要墨守成规——这样的直接后果就是需要和那些传统的酒类巨头进行直接对抗。该运动认为，灵活性与独特性才是手工酿造的核心与灵魂，而金酒恰恰与这种逻辑完美契合。

　　手工酿造运动始于美国，现在已经一路向北，传到了加拿大——由于相应的法律法规，这里的酒类行业起步较晚。全世界的金酒酿造者都在思考的问题也成了加拿大当地酿酒者的问题——如何让酿出的酒具有鲜明的个人与地域特色？

　　总而言之，这场运动带来了许多让人欣喜的结果——这一点在加拿大尤其明显。手工酿造运动虽然没有严格统一的风格，却有着开放的思维与高质量的导向。

植物原料

薰衣草、菠萝、芫荽籽、小豆蔻、杜松、茴香籽、甜橙皮。

飞行家金酒

AVIATION
酒精浓度42% 美国

　　飞行家品牌的诞生得益于一次思想和才华的碰撞：俄勒冈州波特兰市豪斯蒸馏酒厂的蒸馏团队和调酒师瑞安·玛格里安（Ryan Magarian）因为种种机缘巧合走到了一起。这款飞行家金酒于2006年推出，属于"新西部"金酒的一员。这类金酒的创造者认为，杜松并不需要在金酒中扮演过分突出的角色。如同许多其他新型金酒的酿造商一样，该品牌不仅减少了杜松的用量，促进了多种植物元素之间的和谐平衡，同时也添加了一些新的芳香元素，比如这款酒里的菠萝。嗅感是丰富而略带肉质的香气，带有粉状的背景，前调是相当突出的小豆蔻，些许薰衣草，还有少许薄荷、青柠和芫荽的味道。整体口感是一种让人颇有兴致的苦甜交加，前调是花香，然后逐渐沉淀为香料味、尾调则是些许松木香。这款金酒绝对是一款上乘的新西部风格金酒。

整体风味：辛辣	
4	**调制金汤力鸡尾酒：** 前调是扑面而来的花香，还有些许茴香籽和苦涩的味道——可能是菠萝的味道。香料的气味得到了更好的呈现——尤其是小豆蔻的气味。这不是一款寻常的金汤力鸡尾酒——毕竟它的初衷就是另辟蹊径。
2.5	**搭配西西里柠檬水饮用：** 其他元素的加入带来了些许柑橘味，但整体效果比较平淡。
3.5	**调制尼格罗尼鸡尾酒：** 建议使用N3比例调制。口感清爽，菠萝和小豆蔻的味道非常突出。味美思的加入促成了相当强烈的冲击力。
3.5	**调制马提尼鸡尾酒：** 这一组合中金酒的干涩感颇为明显，所以需要味美思来进行平衡，即以4:1的比例调制的效果最为理想。整体是一款相当辛辣的饮品。

金酒面面观

植物原料

杜松、当归根、小豆蔻、肉桂皮、毕澄茄、甘草根、鸢尾根、丁香、茴香籽、天堂椒、八角茴香、佛手柑、青柠皮、苦橙皮、甜橙皮、接骨木果、小红莓、山楂果、柠檬草、柠檬百里香、柠檬马鞭草、圆叶当归、香杨梅、松果、红松针、牛蒡根、艾草、蒲公英根、柳兰、接骨木花、洋甘菊、薰衣草、野莴苣花、金银花。

希尔卡萨瓦吉干型金酒
CIRKA SAUVAGE DRY
酒精浓度44% 加拿大

希尔卡酒厂坐落于加拿大蒙特利尔。2015年，蒸馏师保罗·希尔卡（Paul Cirka）与乔安妮·高德洛（JoAnne Gaudreau）、约翰·弗雷尔（John Frare）联手，正式创立了希尔卡品牌。自创始之日起，品牌的宗旨就是打造一款能够充分展现当地特色的金酒。为了实现这一愿望，希尔卡金酒选用了30多种植物原料，在公司自酿的玉米酒中浸泡一周，之后在蒸馏器中加入更多的植物成分。那些需要精准萃取的植物则置于萃取柱的4个香料篮中做进一步的处理。

这款萨瓦吉金酒芳香浓郁，前调充满了蜂蜜水果糖浆和洋甘菊的味道，口感相当成熟饱满，隐约还能感受到些许南瓜和番茄叶的气味。杜松和红松元素的出现让人感到颇为惊喜。酒体厚重饱满，花香/草本元素和其他植物元素带来的干爽感觉形成了和谐的平衡，后段以松脆的木质/柠檬元素收尾。这款金酒的前调未必出彩，但余味无穷，特别适合小口啜饮。

整体风味：柑橘	
2.5	**调制金汤力鸡尾酒**：这款鸡尾酒没有削弱金酒压倒性的气味。如果要挑毛病的话，主要问题在于各种元素之间存在矛盾与冲突，显得整体的结构感不是很好。
2.5	**搭配西西里柠檬水饮用**：嗅感略有提升，鲜花和柠檬元素带来了近似于甜点的口感。
3.5	**调制尼格罗尼鸡尾酒**：建议使用N3比例调配。嗅感上有着大量现代的香气，口感呈现出些许咸味、甜味和泥土的味道。整体花香气明显，后段更接近于传统尼格罗尼的风味。
4	**调制马提尼鸡尾酒**：金酒的分量感与味美思的草本元素在这一组中展现得淋漓尽致。口感清晰，杜松元素表现得较为明显。

金酒面面观

植物原料

杜松、干木槿、接骨木、橙皮、柠檬皮、葡萄柚皮、肉桂。

多萝西·帕克金酒
DOROTHY PARKER
酒精浓度44% 美国

　　这款酒由纽约酿酒公司［由艾伦·卡茨（Allen Katz）和汤姆·波特（Tom Potter）联手创立］在布鲁克林酿制而成，以颇具机锋、谈吐机智的传奇作家多萝西·帕克的名字命名。当然，帕克还有一个身份在这里显得更加重要——金酒爱好者。言归正传，这款酒没有多萝西那么锋芒毕露，前调的柑橘味非常集中，随后是水果和鲜花的气味，杜松带来的些许萜烯类的气味让整款酒的嗅感更加饱满而丰富，堪称是经典与现代元素的融合。口感表现出更多的浓郁花香，现在的杜松味道更像薰衣草的味道。所有这一切都被辛辣的柑橘类水果（葡萄柚元素最为突出）、芫荽和后调的肉桂气味所平衡。纯饮时，很多元素都在努力吸引外界的注意，以至于加水稀释是必须的：只有当每个元素不再你争我抢、试图盖过其他元素时，真正的平衡方才得以体现。这款酒成功地融合了干型金酒的内敛与浓重的花香气味。

整体风味：花香	
4	**调制金汤力鸡尾酒：**一切都很好地融合在一起，平衡感极佳。口感新鲜，有刺激感和些许柠檬味。以1:2的比例调制效果最佳。
3	**搭配西西里柠檬水饮用：**我本以为，果皮元素会让这一组合天衣无缝，但实际效果却略显笨拙。
4.5	**调制尼格罗尼鸡尾酒：**建议使用N2比例调配。这一比例带来了更多的葡萄柚和鲜花的气味，与金巴利酒搭配显得非常融洽；接骨木和杜松又和味美思组成了和谐的同盟，整体口感非常丰富。
4	**调制马提尼鸡尾酒：**大量的果皮和花香气味，虽然一开始杜松和味美思搭配的效果并不算好，但最终还是形成了和谐的平衡。低温下饮用效果更佳。

植物原料

未标明，但官方宣称"超过12种"——自然是少不了杜松的。

朱尼皮罗金酒
JUNIPERO
酒精浓度49.3% 美国

　　旧金山锚牌酿造厂的创始人弗里茨·梅塔格（Fritz Maytag）最喜欢抛出一些与传统观念相悖的尴尬问题：100%纯黑麦威士忌会是什么样子？杜松味浓重的金酒会是什么味道？对此，以美国丰富的蒸馏酒历史为依托，弗里茨交出了一份颇具创意的答卷。1996年，朱尼皮罗品牌的出现并不局限于对于传统风味的再现与复刻，它的诞生证明了美国也可以打造出优质的手工蒸馏酒。毫不夸张地说，朱尼皮罗品牌掀起了一场美国新型金酒的革命。

　　这款金酒的嗅感以萜类丰富的杜松为主，还有一些柠檬和芫荽的气味作为辅助和支撑。我认为，朱尼皮罗金酒已经不再像20世纪90年代那样极端了（也可能是大家的观念进步了），因为其中加入了一些柑橘以及丰富的紫罗兰气味。这款金酒整体口感柔和、丰富，又不失辛辣。总而言之，朱尼皮罗金酒不仅有着里程碑一样的历史意义，也的的确确是一款好喝的金酒。

整体风味：杜松	
5	调制金汤力鸡尾酒：原以为不会太理想，但汤力水的加入让金酒发挥到了极致，口感甜美而饱满。植物元素层次感丰富、肉桂元素的量感也得到了增加，整体拥有优秀的平衡性。强烈建议搭配柑橘饮用，效果非常好。
3	搭配西西里柠檬水饮用：略显苦涩，如果甜度足够的话不是缺点，但这一组合中的甜味可能并不能完全抵消这种苦味。
5	调制尼格罗尼鸡尾酒：建议使用N1比例调配。伴随着淡淡的香气，前调略显干涩，大量的樱桃、可可和松木香随之而来，整体是一款浓郁、深沉的鸡尾酒，口感略带苦涩，效果非常好。
5	调制马提尼鸡尾酒：建议以4:1的比例调制，口感清新干净、略带醋味、植物气息浓郁，舌感非常干爽。当然，对某些人而言可能太干了些。

植物原料

未全部标明，但包括：杜松、天堂椒、玫瑰果、当归根、芫荽籽。

科沃尔干型金酒
KOVAL DRY
酒精浓度47% 美国

位于美国芝加哥的科沃尔酒厂创立于2008年——这也是150余年来在该城建立的第一家酿酒厂。科沃尔酒厂由学者罗伯特（Robert）和索纳特·伯纳克（Sonat Birnecker）创立，他们的使命是与当地农民合作，从零开始生产有机蒸馏酒。

该品牌以其生产的威士忌而闻名（罗伯特出生于奥地利，为美国众多酒厂提供专业的咨询服务），选用黑麦酿制的中性谷物蒸馏酒为基酒。在添加13种植物成分之前，科沃尔品牌会首先使用还原酿酒法对基酒酒液进行初步处理。在经过16～18小时的浸泡后，再对混合物进行蒸馏。这样独特的处理方式也赋予了科沃尔金酒以相当独特的风味：嗅闻时的前调是一股集中的植物元素的爆发，随后逐渐转向厚重的花香气息。黄油/香草元素带来了奶油一般丝滑柔和的质感，之后又转而呈现出柑橘和轻微的焦糖香气。口感的前段非常丝滑，有着近乎于意式奶冻的香气和质感，杜松元素随后出现，让口感逐渐趋于干爽，在口感最终彻底软化之前又会出现一阵柑橘的突然爆发。这绝对是一款很好的慢饮金酒；或者，考虑到这款酒的香草风味，它也可以完美替代老汤姆酒。

整体风味：花香/柑橘	
3	**调制金汤力鸡尾酒：** 前调是蜜饯的香气，中段呈现出杜松和奶油的元素，金酒本身只在尾调中有所呈现。
3	**搭配西西里柠檬水饮用：** 如果你喜欢在饮料中加入柠檬和黄油味的爆米花，那么这一组合还是值得一试的。
3.5	**调制尼格罗尼鸡尾酒：** 建议使用N3比例调配。有过度烹煮的元素、熟透的热带水果和柚果皮的气息，可以把这款鸡尾酒作做是一款利口酒版本的尼格罗尼，相信不少人都会喜欢的。
3	**调制马提尼鸡尾酒：** 丰富的润泽感。除了劲道十足的水果元素，烹煮后的花香气味也重新回归。香草/白巧克力的味道扑面而来，肉桂元素紧随其后。用来调制浓咖啡马提尼也很合适。

植物原料

未全部标明，但含有 "8—11种" 植物成分，包括：杜松、佛手柑、柠檬皮、小豆蔻、肉桂皮、当归根、芫荽籽。

209号金酒

NO. 209
酒精浓度46% 美国

209号品牌于2005年推出，来自旧金山50号码头上的一个俯瞰水面的酒厂。该品牌由拥有迪安德卢卡的莱斯利·路德（Leslie Rudd）创立。此外，路德奥克维尔酒庄和边山酒庄（位于209号酒厂原址）也都由路德经营。该厂的金酒蒸馏器高达7.5米，以格兰杰威士忌酒厂的蒸馏器为蓝本改造而成。这其实是在情理之中，因为格兰杰威士忌缘起于爱德华·泰勒（Edward Taylor）在切尔西开设的金酒酒厂。209号金酒的前调是新鲜的柑橘类元素——柠檬、青柠和佛手柑，随后呈现出低调的花香，其中夹杂着些许温和的杜松元素。口感前调同样是大量的柑橘气味，中段则包含大量的薰衣草、茴香和芹味，尾段呈现出温暖的小豆蔻和肉桂皮的味道。总而言之，这是一款正式而平衡的金酒。

整体风味：辛辣/柑橘	
5*	**调制金汤力鸡尾酒：** 极佳的一款饮品，有着真正的柠檬风味。这一组合中的每一部分都彼此呼应、互相成就。总而言之，这绝对是一款相当优秀的金汤力鸡尾酒。
4.5	**搭配西西里柠檬水饮用：** 自然还是柠檬风味主导，金酒本身的表现略显逊色，但颇具分量感且十分油润，让中段口感更加丰富饱满。
4.5	**调制尼格罗尼鸡尾酒：** 建议使用N2比例调配。整体相当干爽且十分辛辣。作为这一组合的点睛之笔，小豆蔻位于整款饮品的中心位置，影响着一切。虽然有一种干燥草本的味道，口感还是相当甜美的，有着近乎于樱桃和淡淡的佛手柑香气。
5	**调制马提尼鸡尾酒：** 味美思的草本元素撑起了整款鸡尾酒，些许醋味进一步丰富了口感、带来了温和的甜味。总体而言，这是一款高度复杂、柔顺流畅的鸡尾酒。5:1的比例同样效果极佳，还多了些复古格调。

植物原料

普通杜松、落基山杜松、芫荽籽、当归根、鸢尾根、肉桂皮、甘草根、橙皮、柠檬皮、薰衣草、云杉叶尖、香草荚、西楚和阿马里洛啤酒花。

昆士堡干型金酒
QUEENSBOROUGH DRY
酒精浓度43% 加拿大

　　昆士堡品牌位于加拿大不列颠哥伦比亚省的萨里市，该品牌首席酿酒师斯图尔特·麦金农（Stuart McKinnon）以中央城市酿酒厂为基地，通过一系列颠覆性的创新手段，成功打造出一款具有当地特色的伦敦干型金酒——植物成分中包括两种不同的杜松、云杉叶尖与啤酒花。这款金酒以中性的玉米酒为基酒，14种植物成分分装在荷斯坦蒸馏器和蒸汽香料篮中。

　　嗅感的前调是一股短暂的芳香，带有强劲的杜松、淡淡的橙皮和草本味（不妨想象一下迷迭香和鼠尾草的气味）。啤酒花与杜松和当归混合在一起、松木香味越来越足。口感的前调颇为甜美、略带胡椒气味，松香与肉桂相映成趣，啤酒花、云杉叶尖和果皮的组合紧随其后。这款金酒的风格是典型的伦敦干型金酒，但除此之外还有一些隐约可闻的香气。整款酒的完成度极高，但依我愚见，它的包装像极了一款廉价低端酒，如此高品质的金酒理应配上更好的包装才是。如果偶遇这款酒的话，千万别错过。

整体风味：杜松	
4	**调制金汤力鸡尾酒：**杜松气息饱满而芬芳，非常的突出，整体偏干爽，有着鲜明的松木香气息，是一款相当硬核的鸡尾酒。
3	**搭配西西里柠檬水饮用：**这一组合的问题在于，杜松和啤酒花的油润感会影响到整体平衡。
5	**调制尼格罗尼鸡尾酒：**建议使用N1比例调配。相较于其他组合更加舒适宜人，金酒放松了下来，让其他元素有了发挥的空间，些许深色浆果、血橙和杜松元素步步为营、缓缓向前，同时也有足够的甜味来平衡。值得推荐。
4	**调制马提尼鸡尾酒：**不出所料，这款马提尼的盐度和矿物质感都很充足。在杜松的辅助之下，整体效果相当不错。

植物原料

杜松、当归根、月桂叶、佛手柑、黑胡椒、胡荽籽、小豆蔻、芫荽叶、芫荽籽、肉桂、柑橘酒花、莳萝籽、茴香籽、姜、柠檬皮、青柠皮、鸢尾根、塞维利亚橙皮、八角茴香。

圣乔治博坦尼金酒
ST. GEORGE BOTANIVORE
酒精浓度45% 美国

　　1982年，约格·鲁普夫（Jörg Rupf）在圣乔治酒厂开始酿造白兰地。从那时起，酒厂的规模已经扩大到可以填满一个飞机库（机库1号伏特加就是在这里诞生的），产品组合囊括了单一麦芽威士忌、味美思和朗姆酒，而自2011年开始，金酒也出现在生产序列之中。圣乔治博坦尼金酒堪称是一场植物的盛宴，其选用的植物原料达19种之多。3种植物（杜松、月桂和芫荽叶）需要单独放入蒸馏篮中进行相应的处理，而其他植物则要先进行浸渍，之后方可蒸馏。这款金酒的嗅感类似于加里格酒、具有巨大的草本冲击力，随后是令人陶醉的柑橘和佛手柑、松木和其他绿植气息。口感与嗅感大致相仿，只是含有更多的茴香味，杜松只有在尾调中才得以呈现，与鸢尾花和小豆蔻相映成趣。总体而言，这款酒的香气密集、口感复杂而丰富。想要真正的蒸馏酒，这款值得一试。

整体风味：草本/辛辣	
4	调制金汤力鸡尾酒：草本/植物叶子的味道得以重出江湖，中段有着些许的甜意。整体是一款口感丰富而复杂的金汤力鸡尾酒，适当延长之后饮用效果更佳。
3.5	搭配西西里柠檬水饮用：干净利落，但作为一款含有大量不同种类植物的金酒，整体没有什么突出的特点。
3	调制尼格罗尼鸡尾酒：建议使用N1比例调配。这一组合中，金酒本身的草本味与味美思形成了平滑的过渡，而果皮（特别是佛手柑）元素则与金巴利酒形成了和谐的平衡。口感过于复杂，几乎给人以无所适从之感，所以并不是特别推荐。
4.5	调制马提尼鸡尾酒：其实这款酒纯饮风味就已经很棒了，完全没必要再加入更多的草本。在这一组合中，金酒的松木香、香料味、茴香味都变得更加突出，整体也非常干爽。很棒。

植物原料

杜松、芫荽籽、当归根、鸢尾根、天堂椒、绿茶(茶叶和茶花)、樱花(日本樱花)、日本柚皮、葡萄柚皮。

谢林汉姆和辉金酒
SHERINGHAM KAZUKI
酒精浓度43% 加拿大

谢林汉姆酒厂位于加拿大不列颠哥伦比亚省温哥华岛南部。该品牌由杰森·麦克萨克(Jason MacIsaac)和阿拉尼·麦克萨克(Alayne MacIsaac)联手创立。在亚洲生活期间,阿拉尼迷上了日本樱花的芬芳,而杰森则被日本柚子鲜艳而浓郁的香气圈了粉。于是,两人一拍即合,决心打造一款金酒致敬日本文化。

这款和辉金酒以谢林汉姆酒厂酿造的伏特加为基酒(伏特加选用当地种植的小麦和发芽大麦酿造,两者以80∶20的比例混合而成)。茶叶、鲜花和樱花放入香料篮中,其余的植物成分则浸泡一夜。此款金酒有一种花的清香,有一种类似于冰糕的品质。柚子、柑橘和茶叶(最后一种来自岛上的韦斯特霍尔姆)也在其中起到了推波助澜的作用。所有这些泡沫都被泥土、面包的格调和更多的杜松所平衡,然后随着前调的回升而恢复正常服务。最后的结尾有一丝棉花糖的味道。在日语中,"Kazu"是和谐的意思,而"ki"代表了太阳的光芒。不得不承认,这款金酒的命名还是很考究的。

整体风味:花香/柑橘	
3.5	**调制金汤力鸡尾酒:**嗅感活泼、有草莓的气味。整体口感相当的明亮而酯化(泡泡糖味),中段丰富多汁。
2.5	**搭配西西里柠檬水饮用:**这一组合中,基酒与其他调酒元素出现了轻微的摩擦与冲突,整体并不十分和谐。
3	**调制尼格罗尼鸡尾酒:**建议使用N3比例调配。整体花香气十足、口感活泼、轻盈、新鲜,有着类似于樱桃苏打和日本柚子的质感,与阿佩罗酒与淡淡的味美思搭配效果极佳。谢林汉姆酒厂推荐搭配白尼格罗尼酒饮用。
4	**调制马提尼鸡尾酒:**低温冰镇可以凸显出草本/茶元素、抑制樱花元素的表现。由于选用了独特的基酒,这款鸡尾酒可谓是自成一派、不同凡响,整体气味芳香、搭配合理而均衡。

植物原料

杜松、芫荽籽、小豆蔻、当归根、鸢尾根、柠檬皮、橙皮、玫瑰花瓣、薰衣草、翼状海带。

谢林汉姆海滨金酒
SHERINGHAM SEASIDE
酒精浓度43% 加拿大

有人可能会认为，麦克萨克酿造的第二款金酒有着完全不同的风格、意在营造一种具有加拿大海洋风格的特色金酒，而非向来自他乡的致敬之作（详见第136页）。但只要稍加品鉴之后，你就会发现这款金酒依然有着浓郁的日本风情。在酿造过程中，所有植物原料在蒸馏前都要在基酒中浸泡整整一夜。

就其嗅感而言，谢林汉姆海滨金酒是一款不折不扣的花香型现代金酒：前调呈现出大量的柑橘气息，随后是大家熟悉的海藻气味与日式高汤的鲜味，之后矿物气息和甜美的植物香气开始逐渐显现。与和辉金酒相比，这款金酒中含有更丰富的杜松元素，整体口感芳香、柔和、圆润，粉色水果、海带和玫瑰花出人意料地形成了和谐的同盟；中段口感略显仓促、美中不足。

整体风味：花香	
3	**调制金汤力鸡尾酒：**如果你喜欢一款活泼的花香型鸡尾酒，同时再来点海洋元素的话（类似曼利或哈里斯岛金酒），这是个不错的选择。整款酒的玫瑰元素很是突出。
4	**搭配西西里柠檬水饮用：**搭配得当的组合，这款鸡尾酒平衡了花香，保留了金酒的质感。
3.5	**调制尼格罗尼鸡尾酒：**建议使用N4比例调配。与哈里斯岛金酒相似，额外的层次感能够更好地支撑起金酒本身的质感。整体口感清新淡雅，有绿植与咸味元素，此外还有些苦味，是一款相当不错的鸡尾酒。
4.5	**调制马提尼鸡尾酒：**以盐碱/矿物质元素为主。虽然口感单一（有分量感、花香气味依旧浓郁），但随着杜松的加入，海藻的味道得到了一定的提升与强化。

世界其他地区的金酒

金酒堪称是第一种迈向全球化的蒸馏酒——虽然是在荷兰和英国这两个国家生产,却用上了从世界各地进口的各种植物原料。不过随着时间推移,现在的金酒生产不必如此大费周章了。

金酒要想取得新的发展,就必须认识到一个重要前提——金酒归根结底是一种以杜松为根基的蒸馏酒类,在此基础之上,更要努力将这种酒与产地有机融合在一起,真正打造出具有地域特色的酒款。

以日本为例,该国生产高档金酒的历史并不长,但日本的酿酒师却能够充分运用当地生产的各种柑橘类水果、草本、花卉、香料和茶叶,来创造一种全新的、独具日本特色的金酒品类——他们的产品已然风靡全球。

澳大利亚的酿酒师深入丛林、遍访海岸和雨林,遍尝百草,最终制作出具有独特风味的澳洲金酒——我们大部分人可能闻所未闻。南非的酿酒师也是如此,他们将芬博斯丰富的生物多样性也一并酿在了南非的新型金酒之中。

总之,这些金酒能给你带来的不只是宜人的品鉴体验,更能引领着你从更深刻的维度上去全面理解一个国家,最终勾起你对于某一地域的情愫。

植物原料

杜松、芫荽籽、当归根、鸢尾根、甘草根、小豆蔻、肉桂皮、橙皮、血檬、苹果、多瑞戈胡椒叶、河薄荷、柠檬香桃。

阿奇玫瑰签名干型金酒
ARCHIE ROSE SIGNATURE DRY GIN
酒精浓度42% 澳大利亚

　　离悉尼机场只有一步之遥的阿奇玫瑰酒厂是长途飞行之前来上一杯尼格罗尼解解渴的绝佳地点（笔者的一点经验之谈）。当然，这里的酒厂兼酒吧，不仅是一个相当热门的旅游景点，同时也是澳大利亚蒸馏酒行业的职业教育中心。

　　金酒的生产涉及对于植物成分的单独/分组蒸馏，根据不同植物的属性差异，或是直接置于蒸馏器内，或是盛装于一到两个蒸馏篮里，最脆弱的植物原料则需单独放置于排碱管中。这款阿奇玫瑰签名金酒嗅感的前段较为辛辣，胡椒和些许小豆蔻的气味出现在大量杜松铺就的基础之上，柠檬香桃、青柠和薄荷跳跃着出现在你的面前，整体充满了诱人的异国情调和陌生感（当然，前提是你并非澳洲本地人士）。口感厚重而甜美，更多的柑橘花和花香元素将杜松推向中后段，尾调则略带草莓蜜饯的香甜味。

整体风味：花香/果味	
3.5	**调制金汤力鸡尾酒：**虽然汤力水与甜美的水果之间起了一点小冲突，整款鸡尾酒依旧芬芳馥郁、颇为宜人。
3.5	**搭配西西里柠檬水饮用：**加入的其他元素能让草莓平静下来，但同时也会带来些许土耳其软糖的味道。如果你不反感，这一组合还是值得一试的。
4	**调制尼格罗尼鸡尾酒：**建议使用N3比例调配。我颇为中意这一比例，因为能够有效软化酒体，并抑制金酒中那些让人过度兴奋的元素；与此同时，味美思带来了葡萄酒软糖和棉花糖的香气，整体是一款狂野、甚至略显怪异的鸡尾酒。
3	**调制马提尼鸡尾酒：**整款饮品变得更加活跃提神、带有百香果和欧洲树莓的气息，可以当作一款水果沙拉风味的马提尼饮用。

植物原料

包括：杜松、芫荽籽、肉桂皮、当归根、毕澄茄、手指柠、茴香香桃、肉桂桃金娘、夏威夷果、河薄荷、澳洲树莓、金橘、白天鹅莓、番樱桃、花椒叶、澳洲生姜。

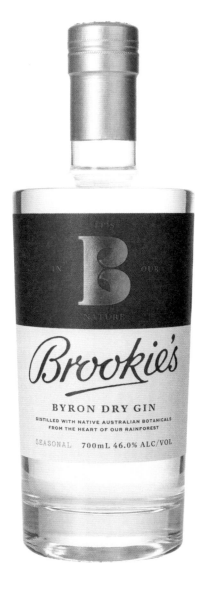

布鲁克拜伦干型金酒
BROOKIE'S BYRON DRY
酒精浓度46% 澳大利亚

1988年，帕姆和马丁·布鲁克（Pam and Martin Brook）在拜伦湾买下了一处陈旧的奶制品农场——该地位于澳大利亚最大的亚热带雨林边缘。现如今，热带雨林这种稀缺的自然资源只剩下了最初的1%。布鲁克夫妇开始致力于保护剩下的热带雨林。迄今为止，他们已经种下了约35000棵树，而一款能够凸显当地植物特色的金酒似乎也是宣传夫妇俩远大理想、鼓励更多人参与的有效且合理的途径——这款布鲁克拜伦干型金酒也就由此问世了。

为了打造这款金酒，布鲁克夫妇专程请来了曾在植物学家金酒任职的吉姆·麦克尤恩（Jim McEwan）。这款金酒采用单次蒸馏法，经典的植物原料被浸渍在蒸馏壶中，其他的盛装在蒸馏篮里，而最脆弱易损的那些则被装在由薄纱制成的"巴比伦袋"（Babylon bag）中。嗅感的前调始于柠檬元素，杜松带来的些许辛辣紧随其后，之后水果、草药和香料元素才开始逐一呈现。口感的前段是甜美的红色水果气味，随后是短暂的杜松味，之后又转为强烈的柑橘、茴香和奶油水果的味道，尾调是胡椒味的。这款酒具有一定的伦敦经典干型金酒的特征，但有着更加鲜明的热带雨林血脉。

整体风味：柑橘/果味	
5	**调制金汤力鸡尾酒：**考虑到金酒的高度复杂性，这款鸡尾酒给人以谨慎和细心之感。前段的杜松气味并不突出；中段较为复杂，带有坚果气息；尾段则呈现出欧洲树莓和胡椒味。
4.5	**搭配西西里柠檬水饮用：**前调似乎是其他调酒元素占了上风，之后逐渐转变为柑橘味和水果味。
4	**调制尼格罗尼鸡尾酒：**建议使用N2比例调配。从常识判断，一款含有大量植物成分的金酒很难在尼格罗尼中让人满意，但这款金酒却成了例外：百香果、薄荷醇/红樱桃/树莓糖浆和些许杜松元素极大地提升了这款鸡尾酒的整体表现。中段甜度大增，不过尾调还是经典的干型口感。
4.5	**调制马提尼鸡尾酒：**充满魅力的异国元素得到了保留，但也更加线性、更加清爽，整体是一款丰富而正式的饮品。

杜松、芫荽籽、当归根、小豆蔻、肉桂、八角茴香、薰衣草、塔斯马尼亚胡椒叶、柠檬香桃、整个橙子。

四柱珍稀干型金酒
FOUR PILLARS RARE DRY
酒精浓度41.8% 澳大利亚

在酒类爱好者心中，雅拉河谷一直是葡萄酒的代名词。相形之下，这里出产的蒸馏酒就一直不太为人所知——直到2013年，四柱品牌横空出世，才彻底改变了这一局面。四柱团队最初的计划是打造一款具有澳大利亚特色的汤力水，但很快就调整为酿造金酒了。经过90多次试验，四柱团队充分尝试了各种植物的组合，在初步选定的数十种植物中最终确定了现在所使用的10种植物原料。

该品牌立志于打造一款具有独特澳洲风情的新式金酒、而非对于伦敦干型金酒的简单复刻。这势必需要削减杜松的用量，从而打造一款芳香扑鼻的植物型酒体。这款四柱珍稀干型金酒的嗅感有一定的深度和香料的甜味，杜松气味仍然相对的突出。随着柑橘元素出现，嗅感变得愈加圆润，还有一种相当诱人的、近似于番茄叶一样的特殊气味。口感方面，正如预期的那样，八角茴香和小豆蔻的味道相当浓郁、中段还有轻微的杜松树脂味。可以说，雅拉河谷不再为葡萄酒所独占了。

整体风味：辛辣	
4.5	**调制金汤力鸡尾酒：**这款鸡尾酒的分量感相当令人满意，整体十分劲道，中段口感的分量十足。
4.5	**搭配西西里柠檬水饮用：**嗅感偏沉、口感奔放。整体悠长而辛辣，金酒的味道也得到了加强。
4.5	**调制尼格罗尼鸡尾酒：**建议使用N2比例调配。一款相当宜人的搭配，口味略咸然则苦中带甜，口感绵远悠长——绝对是一款理想的尼格罗尼鸡尾酒。
4.5	**调制马提尼鸡尾酒：**番茄元素在这一组合中得到了回归。整体颇具分量感，口感丰富、有薄荷味和近乎焦糖的质感，还有些许尘埃感和树脂的味道。

植物原料

杜松、芫荽籽、小豆蔻、肉桂、当归根、干橘皮、柠橙皮、布枯叶。

几何陆龟金酒
GEOMETRIC
酒精浓度43% 南非

几何陆龟金酒的创始人和酿酒师让-巴蒂斯特·克里斯蒂尼（Jean-Baptiste Cristini）在父亲的家乡法国学习了10年葡萄酒的相关知识，然后回到开普，选用当地的原生植物与传统的金酒植物原料混合，蒸馏金酒供自己所用。克里斯蒂尼摒弃了传统的谷物酒，转而使用葡萄酒作为基酒。几何金酒的生产规模虽小，但也足以让他在尼格罗尼酒的行业中拥有一席之地。随着时间的推移，他与酿酒师克里斯（Chris）、安德里亚·穆利内克斯（Andrea Mullineux）联手。克里斯和安德烈亚还帮忙想出了这款金酒的名字——一种当地极度濒危乌龟的名字。

几何陆龟金酒的嗅感与必富达金酒颇为相似，是一款典型的伦敦干型金酒。前调是柑橘气味，之后有着些许青苹果、小豆蔻和橘子的味道。口感不疾不徐、稳步前进，以柑橘和花香为主导、杜松起辅助作用。葡萄酒让口感更加柔和、前调更加丰富，并进一步推动口感向玫瑰和欧洲树莓的方向发展。尾调则是杜松、泰国柠檬草和青柠的味道。

整体风味：柑橘	
4.5	**调制金汤力鸡尾酒**：前段是一股爆开的芳香气息，整体柑橘味浓郁，带有芫荽和杜松的气味，尾调以绿色木质元素为主。
5	**搭配西西里柠檬水饮用**：柠檬与柑橘形成了和谐的搭配。适量的芫荽赋予了这款鸡尾酒足够的活力。口味酸爽宜人，值得一试。
4.5	**调制尼格罗尼鸡尾酒**：建议使用N2比例调配。仍然是柑橘味为主的口感，不过加入了更多的草本元素。味美思强化了酒体的黏性，金酒在尾调中表现得淋漓尽致，整体是一款相当不错的鸡尾酒。
4	**调制马提尼鸡尾酒**：浓郁的柠檬味（是一款典型的吉姆雷特鸡尾酒），整体是一种相当俊俏的风味。只是中段口感略显单薄，还有进一步提升的空间。

植物原料

杜松、鸢尾根、日本桧柏、日本柚子、广岛柠檬、玉露煎茶、姜、红紫苏叶、竹叶、山椒、胡椒、树芽。

季之美京都干型金酒 / 季之美势金酒

KI NO BI KYOTO DRY, KI NO BI SEI
酒精浓度45.7%/54.5% 日本

作为日本第一款真正意义上的高档金酒，季之美金酒重点突出了其京都地区的地域特色。为了实现这一目的，品牌酿酒师亚历克斯·戴维斯（Alex Davis）大胆选用了众多本地出产的植物，并最终规划出6种不同的风味区块，每种风味所需的植物原料都有着不同的浸渍时长和提取节点。杜松、鸢尾花、桧木奠定了这款酒的主要基调；柚子和柠檬带来了恰到好处的柑橘气味；玉露煎茶呈现出类似于姜的味道；红紫苏叶和竹子提供了果味/花香元素；山椒及其树芽则贡献了草本元素。基酒为大米酿造的米酒。

季之美金酒细腻、严谨，由柑橘、姜和温和的杜松元素混合而成，杜松紧紧束缚着紫苏的柑橘/咸味元素。势金酒相比于京都版口感更佳丰富饱满，山椒、桧木和杜松元素更突出，而茶叶则增加了草本植物的气味。2020年，作为日本金酒标杆的季之美正式为法国保乐力加集团（Pernod Ricard）所收购。

整体风味：京都干型金酒—辛辣/果味；势金酒—杜松	
4	调制金汤力鸡尾酒： 京都款：效果很好的组合。有些许桧木的味道、紫苏的气味也得到了凸显，整体是一款清淡而干净的鸡尾酒。
4	势金酒：分量感更足、复杂程度也有提升，是一款有着鲜明茶类风味的金汤力。
4.5	搭配西西里柠檬水饮用： 京都款：口感饱满活泼。柑橘的气味相当纯正，穿透力也很强。
4.5	势金酒：一款深沉的鸡尾酒，有着惊人的复杂程度，整体相当内敛低调，并不张扬。
4	调制尼格罗尼鸡尾酒： 京都款：建议使用N3比例调配。金酒本身的复杂性在这一比例下展现的淋漓尽致，同时也呈现出更多的杜松和香料元素。这一组合中，金酒本身拥有了更多的存在感和发言权。
5*	势金酒：建议使用N1比例调配。这一组合有着天鹅绒般的丝滑口感和高度的复杂性。整体颇有劲道、香气深沉，深色水果元素让基酒显得更加丝滑绵柔。甜度也恰到好处，足以平衡杜松的味道。有一定的复杂性。
4.5	调制马提尼鸡尾酒： 京都款：建议加水饮用，这样味美思就能更好地突出紫苏和茶叶的气味。整款酒口感柔和，杜松的气味主要集中在尾调。
5*	势金酒：整体油润、强劲、呈现出更多的香料元素，但整体依然保持了平衡，同时还有着优秀而复杂的鼻后嗅感。

植物原料

杜松、芫荽籽、当归根、鸢尾根、小豆蔻、海莴苣、山胡椒叶、茴香香桃、手指柠、橙皮。

曼利澳大利亚干型金酒
MANLY SPIRITS AUSTRALIAN DRY
酒精浓度43% 澳大利亚

戴维·惠特克（David Whittaker）和凡妮莎·威尔顿（Vanessa Wilton）都为蒸馏酒沉迷，他们走遍了世界各地的酒厂，最后兜兜转转回到了澳大利亚，在塔斯马尼亚州从事与酒类相关的培训工作。2017年，他们开设了曼利酒类公司，此时恰逢前必富达全球大使蒂姆·斯通（Tim Stones）来到澳大利亚。如今，已是曼利品牌首席酿酒师的斯通全权负责监督金酒生产，从而更好地反映当地的海洋与陆地特色。这款曼利金酒中最抢眼的植物原料非海莴苣莫属——一种可以持续培养与收获的海洋性作物，能够极好地展现出曼利品牌临海的独特地理位置。

曼利金酒的嗅感集水果、杜松、浴盐为一体，果皮和芫荽带来了独特的澳大利亚风味。这是一款复杂、优雅的金酒，具有丰满的柔软感。海洋性植物元素奠定了口感的基础，杜松在上面冒出头来（口感有着鲜明的矿物质盐元素）八角茴香与山胡椒叶联手，组成了颇具澳大利亚特色的风味组合，带来了淡淡的薄荷味和咸味。

整体风味：杜松	
4	**调制金汤力鸡尾酒：** 将其与其他同样含有海藻的金酒横向比较是很有趣的，比如：哈里斯岛金酒和谢林汉姆金酒。这款酒的味道没有那么浓郁，但气味集中且有质感。
3.5	**搭配西西里柠檬水饮用：** 整体明亮，中段口感饱满。清爽、干净。
5	**调制尼格罗尼鸡尾酒：** 建议使用N1比例调配。金酒主导了整款鸡尾酒。前调中有一种深沉、宜人而又青涩的水果香气。口感混合了各种味道、带有类似于咖喱叶的独特质感。后调同样颇为复杂，包含甜味、杜松、果味和苦味、让人欲罢不能。
5	**调制马提尼鸡尾酒：** 在这一组合中，味美思与其他更为柔和的元素很好地结合在一起，引出了茴香籽、杜松和胡椒的味道。这是值得一试的鸡尾酒，建议加水饮用。

植物原料

杜松、芫荽籽、当归根、鸢尾根、肉桂皮、葡萄柚皮、迷迭香、澳洲坚果、蜂蜜、柠檬香桃、脐橙、檀香。

墨尔本单次蒸馏金酒

THE MELBOURNE GIN COMPANY SINGLE SHOT

酒精浓度47.4% 澳大利亚

2012年，安德鲁·马克斯（Andrew Marks）成立了墨尔本金酒公司，在马克斯家族位于亚拉河谷的简布鲁克山酒庄（也生产金酒），兼任酿酒师，同时还成立了自己的流浪者酒庄品牌。一年后，墨尔本干型金酒横空出世，为此他将各个植物原料单独蒸馏。顾名思义，单次蒸馏就是把全部植物原料集中在一起进行蒸馏，也就是在单独蒸馏之后还要进行集中蒸馏。

毫无疑问，这是一款由杜松主导的金酒、此外还有甜美的柑橘和柠檬香桃融合后带来的宜人元素。在杜松的基础上，迷迭香的加入带来了更多的芳香气息，同时也增加了油性/尘土元素。口感的前调以柑橘为起点，杜松随后入场，然后是芳香的香草、香料以及中段的甜味，最后又转为杜松和根茎的气味。

整体风味：杜松	
4.5	**调制金汤力鸡尾酒**：这一组合中有着更丰富的水果和迷迭香元素、整体平衡性极佳，可能比你期待的还要更加干爽。
5	**搭配西西里柠檬水饮用**：口感有劲道、活力十足。相比金汤力，这款鸡尾酒有着更多的杜松元素。整体颇为柔和，口感甜美、复杂。
5*	**调制尼格罗尼鸡尾酒**：建议使用N1比例调配。随着植物根茎和艾草元素的推进，口感开始变得带有木质感与一种近乎于咸味的元素。这款尼格罗尼鸡尾酒虽然颇为正式，但胜在口感有足够的甜味来平衡，风味也十分丰富。总之这是一款相当优秀的鸡尾酒。
5	**调制马提尼鸡尾酒**：这一组合中呈现出大量的杜松元素，带来一种浓缩洗衣粉的质感，之后又逐渐变得油润。一款理想的马提尼鸡尾酒从来不简单——相反，还会给你的嗅觉与味觉带来刺激与挑战。这款马提尼鸡尾酒就完全符合这一要求。

145

金酒面面观

植物原料

杜松、甘草根、肉桂、当归根、鸢尾根、澳大利亚芫荽籽、柠檬皮、青柠皮、澳大利亚胡椒。

永不三倍杜松金酒
NEVER NEVER TRIPLE JUNIPER
酒精浓度43% 澳大利亚

2017年，肖恩·巴克斯特（Sean Baxter）、乔治·乔治亚迪斯（George Georgiadis）和蒂姆·博斯特（Tim Boast）联手创立了这家坐落于阿德莱德的金酒品牌。顺便一提，"永不"这个词来自于当地的一个古老的方言表达，特指澳洲的内陆地区。在如今的金酒行业，一些酿酒师急于开拓新的疆界，另一些酿酒师却专注于杜松的呈现与表达——很显然，这款三倍杜松金酒出自后一类酿酒师的手笔。

该品牌共有3种处理浆果的方式：浸渍、蒸馏前加入蒸馏器、置于香料篮之中。虽然依旧无法摆脱杜松的影响，不过得益于果皮和澳大利亚芫荽带来的柠檬气味，金酒的萜烯含量并不高，但颇有活力和复杂感。整体口感清爽干净，给人以一种刚刚洗过的感觉。前调由果皮和辛辣的香料组成，油润的杜松/迷迭香在中段发力，尾调则是干爽宜人的。总而言之，这绝对是一款很上档次的金酒。

整体风味：杜松	
5*	**调制金汤力鸡尾酒**：香气变得更加强烈、金酒本身也得到了一定的强化。杜松气味来的干净利落，酒体也有着很好的分量感，整体是一款深沉而悠长的鸡尾酒。
4	**搭配西西里柠檬水饮用**：沁人心脾，柑橘类（尤其是青柠）元素得到了加强，提神醒脑效果一流。
4.5	**调制尼格罗尼鸡尾酒**：建议使用N1比例调配。嗅感芳香异常（松树和帕尔玛紫罗兰），口感干爽、丰富，堪称经典。加冰冷饮效果最佳。
5*	**调制马提尼鸡尾酒**：这是一款多才多艺的金酒：嗅感是丰富的果皮元素，口感却是杜松风味，层次感之精巧让人叹为观止，堪称是马提尼鸡尾酒的经典之作。

植物原料

杜松、芫荽籽、当归根、鸢尾根、柠檬皮、山椒、柚子、臭橙、甘夏、中国台湾香檬、苹果。

一甲科菲金酒
NIKKA COFFEY
酒精浓度47% 日本

自2017年起，宫城峡酒厂开始生产这款一甲科菲金酒——"科菲"这一名称来自于所使用的蒸馏器类型（以其发明者的名字埃涅阿斯·科菲命名），一甲品牌的调酒大师佐久间忠志（Tadashi Sakuma）将两种不同强度的酒结合起来，之后选用一个蒸馏器蒸馏传统的植物原料，另一个蒸馏器蒸馏山椒，用第三个蒸馏器蒸馏柑橘和苹果。最后两个蒸馏器是在真空状态下运行的，这有助于捕捉更为细微的香气。山椒也是柑橘家族的一员，这种植物能给酒体增添一种油性的、类似于柠檬的味道和花椒的香气。此外，佐久间先生也充分挖掘了日本丰富的柑橘类植物资源，精心遴选出柚子、臭橙、甘夏和中国台湾香檬作为本款金酒的植物原料。

山椒是整款金酒的点睛之笔：柑橘和山椒所具有的独特冲击力，配合上杜松元素，让整款金酒的嗅感变得益发丰富而饱满。口感与嗅感颇为相仿，中后段多了一些松树和柚子的味道，而采用科菲蒸馏法酿制的基酒则显著提升了整款酒的持久性和分量感。

整体风味：柑橘	
3.5	**调制金汤力鸡尾酒：**口感略带粉质，比你想象的还要干爽很多，柚子和山椒是这一组合中的关键。
4	**搭配西西里柠檬水饮用：**如你所愿，这是一款以柑橘元素为主要风味的饮品。口感浓郁、油润，尾调苦甜交织（山椒元素的影响）。
4	**调制尼格罗尼鸡尾酒：**建议使用N2比例调配。浓郁的柑橘风味、还有些许树脂气息，其他更加干爽的元素随后出现。山椒依然是这一组合中的重要一笔。整体平衡、口感丰富，有着鲜明的胡椒气味。
4	**调制马提尼鸡尾酒：**同样是忠于金酒本色的一款组合：如果你喜欢金酒本身的山椒元素，那么这款鸡尾酒绝对是你的菜。这款鸡尾酒口感丰富，青柠味突出，整体极为平衡而丰厚、落落大方、毫无遮掩之感。

植物原料

未全部标明，包括：杜松、当归根、柠檬皮、葡萄柚皮、卡菲尔酸橙叶、黄瓜。

派尼尔帝国金酒
PIENAAR & SON EMPIRE
酒精浓度43% 南非

父子搭档沙克·派尼尔和安德烈·派尼尔（Schalk and Andre Pienaar）使用自行设计的设备在开普敦酿造金酒——这要归功于沙克近40年的酿酒经验。作为一名职业的生物化学家，安德烈负责植物配方的选定——又创造出一款科学与艺术完美结合的金酒酒款。

这款帝国金酒的前调有着满满的青柠味、花香元素的质感、些许肉桂的味道，还有淡淡的草本/果蔬气味。随着这款酒慢慢展开，你能感受到更多的蜜饯水果/豆豆软糖。口感与嗅感的表现相当接近：前调是饱满的青柠和恰到好处的杜松元素——强度恰好满足一款金酒的标准，然后又相当优雅而礼貌地折返，呈现出柠檬花的味道。那种淡淡的甜蜜元素同样得以保留，最后又摇身一变，呈现出胡椒—芫荽的气味。总而言之，这是一款一分为二的金酒，给人一种略显仓促的品鉴体验。

整体风味：柑橘	
4	**调制金汤力鸡尾酒：**比纯饮效果更佳。汤力水的加入是这一改变的功臣，虽然组合中的黄瓜元素并不明显，需要费力去寻找，整体依然不失为一款优秀的鸡尾酒。
4.5	**搭配西西里柠檬水饮用：**这一组合突出了柑橘元素的表现，将其发扬光大。整体口感颇为柔和而富有活力。
4	**调制尼格罗尼鸡尾酒：**建议使用N4比例调配。这一组合中，最先出现的是豆豆软糖/酒胶糖元素，带来了偏甜的口感，但红色水果的元素也得到了一定的保留。整款酒的流动性很好，金酒本身则呈现出更多的草本和辛辣元素。
3.5	**调制马提尼鸡尾酒：**干爽、内敛，带着淡淡的草本味和细腻的花香、强劲的柑橘元素，尾调中的杜松元素较为突出。

植物原料

杜松、芫荽籽、小豆蔻、肉桂皮、当归根、鸢尾根、甘草根、八角茴香、柠檬皮、塔斯马尼亚胡椒、夏威夷果、柠檬香桃。

波尔塔吉斯过滤版、纯粹版金酒

POLTERGEIST A TRUE SPIRIT, UNFILTERED

酒精浓度46% 澳大利亚

1819年，爱德华·佩恩（Edward Paine）正式获封塔斯马尼亚希恩庄园的土地，其宏伟的庄园是由牧师建造的。时间推移到了21世纪，这些建筑已经破败不堪，2006年，克恩克（Kernke）家族果断出手，救下了风雨飘摇的希恩庄园。在修复过程中，一些陈旧的金酒瓶出现在了人们的视线之中，戴维·克恩克（David Kernke）决心开始蒸馏酿酒，以贴补修复经费。

波尔塔吉斯金酒的两个版本本质上是同一种酒。过滤版是经过木炭过滤处理的，纯粹版则未经过滤。过滤版金酒口感干净，相比另一版本更加芳香而活泼，还带有些许红色水果、香料粉、新鲜柑橘和薄荷的味道。此外，相较于纯粹版，过滤版金酒有着更多的草本和辛辣元素，后调是木质杜松、柠檬香桃和胡椒的味道。未过滤版则更有冲劲，杜松元素也更为丰富，不过主体基调依然是草本/柑橘元素的混合。整体口感明亮、令人垂涎，余味呈现出近乎于酸味的刺激感。

整体风味：果味/杜松	
5 3	**调制金汤力鸡尾酒：** 过滤版：嗅感芳香异常，汤力水强化了柑橘和香料的味道，余味悠长。 纯粹版：相当丰沛的润泽感，口感也更加油润。只是有些过犹不及了。
4.5 3.5	**搭配西西里柠檬水饮用：** 过滤版：活力十足、清爽宜人、芳香四溢，充分展现出金酒本身的层次感。 纯粹版：比加汤力水的效果稍好，但也没有太多令人惊喜的地方。
4.5 5	**调制尼格罗尼鸡尾酒：** 过滤版：建议使用N2比例调配。如同在一条飘香的秋日小路上漫步，舌感丰富扎实，后段有着淡淡的回味。 纯粹版：建议使用N1比例调配。嗅感复杂，还有近乎于肉感的杜松元素。口感深沉，带有百花香和更为丰沛的杜松气味。非常有品位和格调。
4.5 5	**调制马提尼鸡尾酒：** 过滤版：这一组合有着宜人的平衡感和各类丰富多汁的元素，松木香让整款鸡尾酒保持着干爽。 纯粹版：杜松风味、有着极好的刺激感，绝对是一款理想的马提尼鸡尾酒，值得一试。

植物原料

杜松、芫荽籽、当归根及当归籽、肉桂、苦橙皮、柠檬皮、柚皮、小豆蔻、山椒、煎茶、玉露煎茶、日本樱花叶及花。

六 日本精酿金酒
ROKU JAPANESE CRAFT
酒精浓度43% 日本

作为日本的饮品业巨头，三得利进军高档金酒市场可谓是势在必行。当然，与1936年出现的第一款高档金酒爱马仕（Hermes）相比，三得利的这款新型金酒有着很大不同。和其他一些日本金酒品牌相仿，三得利也选用了不少本地出产的植物原料。"Roku"在日语中是"六"的意思，表示这款金酒的酿造使用了6种本地植物。与季之美金酒相似，三得利金酒也是以米酒为基酒，不过加上了竹子过滤这一道工序。每种植物都在4个罐式蒸馏器的其中一个单独蒸馏，并将樱花置于真空中。

这款金酒在嗅觉上有柚子和淡淡的杜松混合的味道，还有微微的山椒味。和一甲（Nikka）相比，这款金酒要更加轻盈；和季之美相比，复杂性上要略逊一筹，口感稍微单薄了些。樱花叶和花香气赋予了这款酒以淡淡的花香/杏花香，开始时有一丝丝的肥皂味，但这款金酒的嗅感总体上还是颇为活泼而芳香的。桧木一度占据了主导地位，但如樱花一样、很快就消失殆尽了。侘寂感十足。

整体风味：花香	
3	**调制金汤力鸡尾酒：**嗅感一直保持着花香气息、提神醒脑。口感空灵，后调有柑橘的味道。
3.5	**搭配西西里柠檬水饮用：**嗅感辛辣而强烈，金酒为这一组合增添了一些芳香之气，但和汤力水的作用差不多，得的快去得也快。
3	**调制尼格罗尼鸡尾酒：**建议使用N4比例调配。这一经典比例有助于增强花香元素，但相应的效果也非常脆弱，这款鸡尾酒的问题也正在于此——虽然清爽宜人，但不够持久。
3.5	**调制马提尼鸡尾酒：**相当精美的一个组合，整体有着鲜明的樱桃风味，茶与味美思元素也颇为突出，尾调有一股集中的柑橘气味。整体比较辛辣，但并未影响这款鸡尾酒的高级感。

150

植物原料

杜松、芫荽籽、当归根、柠檬皮、橙皮、玫瑰果。

源泉卡德罗纳金酒
THE SOURCE PURE CARDRONA
酒精浓度47% 新西兰

　　卡德罗纳酒厂是世界上最南端的金酒酒厂，由德西蕾和阿什·惠特克（Desiree and Ash Whitaker）于2015年建立。19世纪60年代的淘金热期间，卡德罗纳山谷也曾一度出现过不少非法酿酒场所——当时的卡德罗纳山谷的常住人口有3000人之众，而如今只剩下不到30户人家住在这里。酒厂兴建之初，阿什只定下了一条规矩：既要做金酒，也要做威士忌。夫妇俩不是那种叶公好龙、半途而废之辈，说干就干，安装了一套柱状蒸馏器就开始生产基酒。源泉卡德罗纳金酒的植物配方有着属于淘金热时代的鲜明烙印。彼时的许多掘金人都是华人，他们会批量种植玫瑰花，通过富含维生素C的玫瑰果补充营养。

　　这款酒选用的带有土壤气息的杜松与成熟的红色浆果的果味，柠檬和芫荽的辛辣以及当归形成了微妙的平衡。玫瑰果的舌感与杜松的鼻后嗅感一起在味蕾上高声歌唱、刺激着你的感官。这款金酒充分展现了如何用一种植物将传统的伦敦干型金酒改造为流淌着地方血脉的特色金酒。

整体风味：杜松	
4	**调制金汤力鸡尾酒：** 这款金汤力有着轻盈的润泽感，大大提升了玫瑰果的花香气息，增加了些许植物叶子的元素，口感也变得更加活泼，还略带泡泡糖的味道。
3	**搭配西西里柠檬水饮用：** 这一组合中的泥土气重了些，当然除了泥土元素，玫瑰果也得到了保留。
4.5	**调制尼格罗尼鸡尾酒：** 建议使用N4比例调配。玫瑰果在这一组合中大放异彩。你可能会觉得这是一款芳香风味的鸡尾酒，但实际上也有着丰富的杜松元素。就我个人而言，这是最值得推荐的组合。
3.5	**调制马提尼鸡尾酒：** 加冰冷饮时会有很深厚的润泽感，整体口感偏甜，近似于蜜饯，我个人认为香气可能有些过头了。

植物原料

共12种，未标明，包括：杜松、芫荽籽、柠檬百里香、柠檬皮、澳大利亚金合欢籽等。

西风军刀金酒
THE WEST WINDS GIN THE SABRE
酒精浓度40%　澳大利亚

2009年，詹姆斯·克拉克（James Clarke）和保罗·怀特（Paul White）决定好好利用保罗手里的蒸馏设备。在杰里米·斯宾塞（Jeremy Spencer）和杰森·陈（Jason Chan）的带领下，他们在澳大利亚西南部的玛格丽特河成立了高定蒸馏酒公司，而西风金酒正是他们的第一款产品。该品牌生产的一系列金酒（另一款是弯刀系列）均采用了伦敦干型金酒经典的植物原料与当地原生植物的组合。在这款金酒中，首先出现的是柠檬香桃的独特穿透力，随后是青柠和葡萄柚般的柑橘气味——这些气味都非常强烈，隐约还能闻到一些类似于鼠尾草的杜松气味。前调是薄荷的味道；口感芳香、轻盈而凉爽，带有花香的味道。这是一款口感悠长、气味芳香的新型金酒，后段平缓，有丰富的杜松味道，整体的平衡性相当优秀。总而言之，这是一款值得关注的优质金酒。

整体风味：柑橘	
4	**调制金汤力鸡尾酒：** 整体平衡、颇具活力，持久性也相当不错，适当延长后效果同样很好，因为有着自身的独到特色。
5	**搭配西西里柠檬水饮用：** 一款相当有趣的组合，各种香气彼此成就、而非互相拉扯。整体非常清爽，值得一试。
4	**调制尼格罗尼鸡尾酒：** 建议使用N2比例调配。前调颇为清新、苦甜交织，然后是杜松和美味果皮的高档口感，中调分量感十足，是一款适合夏季饮用的尼格罗尼鸡尾酒，一如玛格丽特河畔的夏日那般明媚宜人。
4.5	**调制马提尼鸡尾酒：** 以4:1比例调制时过于湿润，只有在干爽条件下金酒的全部特征才能得以充分的展现，从而呈现出草本和桉树元素。整体口感清新洁净、干爽宜人，有着鲜明的特色。

　金酒面面观

荷式金酒与其他金酒

　　严格意义上说，荷式金酒更接近威士忌——对于这种有着悠久历史的酒类而言，这样的说法也是有失公允的。也许我们应该换个思路，把威士忌归类为未经加香处理的荷式金酒。你必须充分了解这种饮品的特质，从而去品鉴金酒的全部魅力。

　　虽然略显缓慢，但老汤姆金酒一直保持着增长的势头，桶装和陈酿金酒也愈发常见。如今的时代乃是不断开拓新风味的时代，酿酒师不再局限于传统的橡木桶，而是充分发掘其他木材的潜力——如选择桑木桶、杜松木桶进行陈酿。平衡是这一切的关键：木桶陈酿不应成为主导，而应当与金酒本身的植物成分相融合，实现真正的和谐之境。

　　当然，有很多简单粗暴的方法来拓展金酒的风味谱系——只需简单地加入糖和各种风味精华即可。越来越多的厂商确实开始投机取巧，走上了这条表面是"捷径"实际却是饮鸩止渴的绝路。当然，本书中并未收录这些所谓"金酒"。

　　关于果味金酒，希普史密斯与和博两个品牌的金酒其实都是不错的选择，如果你特别想要一款有着黑刺李、西洋李子、橙子、树莓、伯爵茶或是香料风味的金酒，不妨直接买一瓶常规的金酒、然后把你想要的成分在其中浸渍即可——黑刺李需要浸泡12周左右，但是柑橘和浆果浸泡时间会更短些。伯爵茶只需简单浸渍2小时左右。

植物原料

杜松、芫荽籽、天堂椒、当归根、香杨梅、柠檬皮、蜂蜜。

博雅德老汤姆金酒
BOATYARD OLD TOM
酒精浓度46% 北爱尔兰

　　这款陈酿老汤姆金酒是博雅德品牌推出的第2款金酒，植物原料略有变化：这款金酒没有选用鸢尾花或甘草，杜松的用量也相应减少了1%〔博雅德品牌的创始人兼首席执行官乔·麦克吉尔（Joe McGirr）对于具体的百分比一向十分坦诚，从来不藏着掖着〕，在装瓶前还加入了蜂蜜用来增甜。各批次使用的陈酿酒桶也存在差异。早期的产品使用的是波本桶，更新批次的则是选用佩德罗·希梅内斯雪莉桶进行陈酿。

　　这款酒的口感强烈、富有刺激感，带着淡淡的橡木味，还有一丝点燃后的火柴味。杜松和香杨梅之间形成了紧密的联系，此外还有轻微的烟熏元素。博雅德老汤姆金酒有着独特的草本味，前调是深色水果和近乎迷迭香的质感，明亮的柑橘气味紧随其后，让嗅感更加完善。这是在金酒本身、酒桶影响和甜味之间的对比研究。需要均衡的元素很多，但这款博雅德金酒确实做到了优秀的平衡性。植物根茎、树脂元素与活泼的甜味元素形成了鲜明对比。柠檬和姜味的元素、橙皮以及些许葡萄干的味道，也有效地增加了整款酒的持久性。

5	**调制金菲士：** 雪莉桶的元素在这一组合中显现出来，有着恰到好处的分量感和气泡感。糖度略高，可以稍微调低一下；柠檬元素增强了口感和整体的持久性。总之是一款复杂而宜人的金菲士鸡尾酒。
4	**调制杜松鸡尾酒：** 嗅感略带橡木味，但整体风味还是更偏向杜松。口感干爽、略带烟熏味，但依然颇有活力。
4/5	**调制马丁内斯酒/赛马俱乐部鸡尾酒：** 味美思给整款饮品奠定了坚实的基调。作为马丁内斯酒而言甜度过高了，马拉斯加樱桃酒给人一种尘土飞扬的感觉。不过如果用来调制赛马俱乐部鸡尾酒的话，雪莉酒和味美思并肩作战、共同作用，呈现出干燥的水果与丰富的金酒元素。些许苦味也提升了整款饮品的复杂程度。

植物原料

杜松、橙皮、柠檬皮、芫荽籽、小豆蔻、当归根。

在100%纯正的法国橡木桶中陈酿3～6个月。

赎金老汤姆金酒
RANSOM OLD TOM
酒精浓度44% 美国

　　1997年，泰德·塞斯特（Ted Seestedt）一手打造了位于俄勒冈州的赎金酒业——这是一家以葡萄为原料的蒸馏酒生产商。一开始，赎金酒业只生产葡萄酒，但赛斯特很快就将业务范围拓展开来，陆续开始酿制威士忌与伏特加，并于2009年推出了该品牌的金酒产品。不过赎金金酒并不是一般意义上的金酒。赛斯特认为，蒸馏酒的根基应当是对于酒类既往历史的尊重与欣赏，因此特意与他的好友戴维·翁德里奇（David Wondrich）进行了一系列合作，后者是一位知名作家与鸡尾酒领域的历史学专家。对于翁德里奇而言，现代金酒缺少一种能够精准复现早期杜松鸡尾酒所使用的酒液，而这种酒液很大程度上基于霍兰德或老汤姆金酒衍生的。

　　赎金品牌选择了麦芽酒作为基酒，玉米酒用以浸渍植物原料，之后置于直接加热式蒸馏器中进行蒸馏。老汤姆酿成之后也会一直陈酿，直到最终上市销售——也就是说，这款金酒会一直在橡木桶中，直到获得了对应的风味。这款金酒风味丰富，略带酵母味，口感饱满、甜度适中，带着些许花香气息、淡淡的橡木味、橘子酱的气味、高调的香料气味和蜜饯果皮的味道。口感浓郁、有劲道，植物元素的香气几乎被包裹。加水湿润之后，豆蔻和杜松的味道变得更加明显。总而言之，这款酒不干不燥、浑然一体，绝对称得上是经典之作。

5	**调制金菲士：** 金酒在这一组合中能将自身的特色展现得淋漓尽致，显示全部的复杂性。只需要稍微增加一些甜味即可，这款金菲士绝对是一个狠角色。	
4	**调制杜松鸡尾酒：** 嗅感高度复杂，有着丁香、当归、鸢尾花和芫荽籽的气味。只是尾段的苦味有些过于突出，略显遗憾。	
5*	**调制马丁内斯酒：** 这款赎金金酒似乎就是为了这一组合而生的：橡木带来了坚实的架构；整体口感复杂、平衡、层次分明，浓郁、热烈而又不失优雅。这是一款梦幻般的优秀饮品。	

植物原料

杜松、芫荽籽、当归根、鸢尾根、甘草根、柠檬皮、苦橙皮、肉桂、小豆蔻、小茴香、苦杏仁、柠檬草。
在杜松桶中静置约1个月。

黑水杜松桶金酒
BLACKWATER JUNIPER CASK
酒精浓度46% 爱尔兰

大多数金酒酿酒师都会下意识地认为，装桶陈酿是威士忌行业的专利。不过彼得·穆里安（Peter Mulryan）对此不敢苟同。"既然杜松本质上是一种树，"他如是说道，"那为何不能拿来制作酒桶？"穆里安显然没有意识到这中间包含的复杂性。杜松树、哪怕是上年头的杜松树，都远远达不到普通橡木的强度——杜松木加工难度极大，还带有强烈的树脂与辛辣气味（这也是威士忌不用杜松桶陈酿的重要原因之一）但他还是坚持不懈地用杜松木制作了50升容量的酒桶。穆里安调整了黑水5号金酒的配方，加入了橙子和甘草、再额外静置30天来消除杜松桶带来的涩味。

这样真的有效吗？事实证明，穆里安的这番努力并未虚掷。黑水杜松桶金酒的设想本已非常狂野了，口感则更加狂暴。金酒酒体颜色很淡，闻起来有一丝焦味，保留了5号金酒中的杜松与苔藓元素。此外，这款杜松桶金酒的植物元素显得更加丰富，醇化过程和配方上的细微调整带来了橘子般的香气。杜松木贡献了冷杉和萜烯元素，让人仿佛置身于寒冬的松林之中。整体波澜不惊，如涟漪般层层散开，首先出现的是类似龙舌兰酒的元素（梨、水果、胡椒、泥土的气味），之后杜松回归，再度占据主动。总而言之，这是一款颇具神秘色彩、蕴含多种不同元素的金酒酒款。

4.5	**调制金菲士**：随着木质元素的加强，烟草味也随之变得更加鲜明和突出，呈现出荨麻和松脂元素。整体口感丰富、活泼，有一定的刺激性和良好的持久性。
5	**调制杜松鸡尾酒**：突出了金酒中的树脂元素且略带烟熏味，整体口感偏干爽，颇具扩张性。
3.5/4.5	调制马丁内斯酒/赛马俱乐部鸡尾酒：用这款金酒调制的马丁内斯酒相当有劲道，口感略显辛辣，味美思元素有些过于厚重。调制赛马俱乐部鸡尾酒效果更佳：口感丰富饱满，带有杜松桶的风味和些许咸味。

金酒面面观

植物原料

未全部标明，包括血橙、青柠花、毛蕊花、啤酒花、罗文浆果、大蔷薇果、艾草等。

在桑木桶中陈酿。

哈特达特金酒
HART & DART
酒精浓度47% 英国

作为卡普卢斯品牌的酿酒师，巴尼·威尔扎克（Barney Wilczak）以思维丰富、锐意创新而闻名，而这款哈特达特金酒就出自他手。这可不是简简单单的一瓶花园特别干型金酒的桶装陈酿版本。既然下定决心要迈开步子，也就没必要维持所谓的酿酒传统了——于是，这款桑木桶陈酿金酒也就正式诞生了。不同批次使用的木桶都是独一无二的，因此各批次的产品之间自然也就产生了微妙的区别。与花园特别干型金酒一样，这款哈特达特金酒选用的植物原料也是通过自主种植、野生采摘和购买获取的。经过分组、浸渍和蒸馏萃取，威尔扎克为这款金酒奠定了坚实的植物性基调。

哈特达特金酒的酒体颜色与雪莉桶陈化威士忌类似，皆为红色，嗅感则是类似于薄荷牙膏的气味。34种植物成分难以尽数，前调是一种淡淡的、带有香料气息的蜂蜜元素，之后是柑橘鸡尾酒带来的浓烈苦味。等到易挥发的元素消耗殆尽，我们能够感受到一个较为标准的框架开始出现：柔和的香料石楠、胡椒，还有尽显异国情调的香脂散布其间。口感为厚重的木质调，还有比花园金酒更深沉、更明显的果味——浆果和枣的元素。树脂味同样更为突出，而后随着酒体变得更加干爽、植物根茎元素逐渐膨胀开来，酒的口感就愈加地接近利口酒，杜松的味道直到最后一刻才姗姗来迟。

2	**调制金菲士：**整体颇为柔和，有着秋收时温暖夜晚的香气。嗅感相当不错，但口感却谈不上宜人，柑橘元素成了颇为恼人的不速之客、搅得大家不得安生。
4	**调制杜松鸡尾酒：**这款鸡尾酒呈现出雪松木衣柜/古董香料柜的气味，柔和而神秘（颇有点纳尼亚传奇的意思）。口感得到了强化，变得更加清晰、浓烈，有着鲜明的植物根茎元素。
4/5	**调制马丁内斯酒/赛马俱乐部鸡尾酒：**调出的马丁内斯酒显现出些许藏红花的元素，口感甜美宜人，之后又及时转向，呈现出更多的木质元素。调出的赛马俱乐部鸡尾酒则有着浆果和热红酒香料的味道，杜松味更足，口感也更好。

植物原料

未全部标明，包括杜松、天堂椒、玫瑰果、当归根、芫荽籽等。
在麦芽威士忌桶中静置2～3月。

科沃尔桶装金酒
KOVAL BARRELED
酒精浓度47% 美国

　　这款科沃尔桶装金酒似乎不难酿造：只需要将同品牌的干型金酒置于酒桶中，放置一段时间就大功告成了。然而桶陈酿并没有这么简单。选用的酒桶必须具备合适的风味，这里的风味不仅包括木材本身的气味，同时也受到填充物种类与性质的影响。此外，还要充分考虑金酒在酒桶中的陈酿时长，从而起到强化作用，而非简单取代金酒本身的风格。科沃尔品牌使用自家的黑麦威士忌桶来酿造这款金酒，将静置时间控制在2～3个月之间，具体时长视具体情况而定。

　　科沃尔桶装金酒酒体呈现出淡淡的小麦色，酒桶的影响颇为微妙，混合果皮，一些烤木头和松树的味道很好地联系在一起。芳香感不如未陈酿的版本，时间久了，会有一些橡木和糕点的味道。口感的前调是诱人的甜木屑与干净的香料和浓郁的柑橘混合在一起，中段口感柔和。木桶陈酿对于这款金酒的影响更接近于一种植物原料，而非占据主导地位。整体杜松味丰富，口感中香草味更浓，使让整款酒与荷式金酒颇为相仿。

3.5	**调制金菲士：** 橡木高歌猛进，还带着些许锯木屑的味道。口感爽快、新鲜，少量甜味加分不少，但要注意柠檬元素的控制。
4.5	**调制杜松鸡尾酒：** 这一组合中，橡木元素得到了抑制，给植物成分留下了更充分的发挥空间，呈现出柠檬、檀香、草本和香料的味道。
3/4	**调制马丁内斯酒/赛马俱乐部鸡尾酒：** 调制出的马丁内斯的橡木味恰到好处，但金酒依然被盖过了风头；调制出的赛马俱乐部鸡尾酒平衡性更好，橡木桶陈酿也带来了更好的结构性，果味元素随之而来，加冰饮用风味更佳。

植物原料

杜松、芫荽籽、当归根、鸢尾根、小豆蔻、海莴苣、山胡椒叶、茴香香桃、手指柠、橙皮。

在波本威士忌和塔斯曼尼亚威士忌的酒桶中陈酿。

曼利桶装陈酿金酒
MANLY SPIRITS BARREL AGED
酒精浓度45% 澳大利亚

　　曼利以该品牌的澳大利亚干型金酒为基础，将其静置在波本和塔斯马尼亚这两种不同类型的威士忌酒桶中。最近灌装的几个批次还少量加入了曼利品牌自产的醇化威士忌。这款桶装陈酿金酒的酒体颜色为较浅的小麦色，嗅感的前调为热带果味元素（杧果、荔枝，还有些许杏子的味道），之后则是淡淡的甜味香料和近似于泡腾片口感的柑橘元素。而随着水果和杜松元素的出现，有一种令人愉悦的干爽，几乎是灰尘的元素。这是一款介于传统金酒、荷式金酒和威士忌之间的酒。橡木桶则进一步丰富了整款酒的复杂程度与层次感，既软化了酒体、又增加了独特的香草气味。随着时间的推移，陆续还会出现一些海滨元素和青柠的味道。口感显然是典型的曼利品牌风格——那种淡淡的咸味元素得到了一定的加强，但同时也受到木质元素的抑制与平衡。整体口感偏干爽——这款桶装陈酿虽然并不是老汤姆金酒、但风格上依然颇为相似，仍有些许胡椒和芫荽的味道。

4	**调制金菲士**：这是一款很好的鸡尾酒，没有什么明显的突兀感。整体有着鲜明的柠檬基调，前调也因此存在轻微的干涩感，不过在中段有足够的甜味来平衡。
4	**调制杜松鸡尾酒**：这一组合中呈现出更多的水果（包括果皮）与植物根茎元素，后调也颇为复杂。
4/5*	**调制马丁内斯酒/赛马俱乐部鸡尾酒**：这不是一款可以轻易征服的金酒。整体浓郁、个性丰富，香气和植物元素一应俱全。调制赛马俱乐部效果更佳，能够带来更丰富的树脂元素。总而言之，这是一款正式的饮品，有着成熟、厚重的深色水果元素，比较适合晚上饮用。

植物原料

包括杜松、柠檬皮、橙皮、艾菊、蓬莪术、肉桂、肉桂皮。

德尔教授女士金酒
DEL PROFESSORE GIN À LA MADAME
酒精浓度42.9% 意大利

德尔教授系列金酒系列由专业主厨费德里科·里卡托（Federico Ricatto）、罗马杰瑞托马斯酒吧的莱昂纳多·"准将"列西（Leonardo "the Commodore" Leuci）和皮埃蒙特家族第四代酿酒师卡洛·奎利亚（Carlo Quaglia，其家族品牌安提卡酒业成立于1871年）联手打造。作为酒类专家，奎利亚对包括格拉帕果渣酒（Grappa）、利口酒、拉特菲亚果仁酒（Ratafia）、蒿酒（Génépi）和奇纳多酒（chinato）在内的诸多酒款的酿造与生产都不陌生，里卡托和列西一开始和他接洽是为了打造一款18世纪风味的味美思。作为德尔教授系列金酒中的一员，这款德尔教授女士金酒集蒸馏与浸渍、陈酿于一体，具有鲜明的意大利皮埃蒙特风情。

这是一款很难准确定性的金酒：嗅感以杜松为起点，甜蜜的柑橘和草本的味道紧随其后，之后又呈现出薄荷和类似藏红花的元素，最后以佛手柑气味收尾。一切不免让人疑惑这到底是金酒还是加香酒，或是意大利版的黄色查尔特勒酒（Yellow Chartreuse）？口感含有龙胆、橙花油以及混杂在近似于香草元素之中的桂花香。中段口感与利口酒颇为相仿，给人以蜂蜜柑橘茶的感觉，尾调又逐步转向松木香和树脂气味。

2	**调制金菲士：**	果味较浓，闻起来有柠檬的酸味，口感上存在矛盾和冲突。
4	**调制杜松鸡尾酒：**	苦精是这一组合中的关键：苦味元素成功减少了甜味，增加了整体的活力，带来了更多的薄荷味，后段的水果元素也得到了一定的提升与强化。
5/5*	**调制马丁内斯酒／赛马俱乐部鸡尾酒：**	洁净、细腻、草本气息明显。金酒本身不是特别显眼，取而代之的是野生的绿植元素。整体变化多端、引人入胜。调制赛马俱乐部金酒效果则更上一层楼，口感好到让人为之晕眩，苦味元素让整体的复杂性更胜一筹。总而言之，这款鸡尾酒组合有着鲜明的草本元素和甜美的口感，同时也兼具有高度的复杂性。

植物原料

包括杜松、橙皮、当归、玫瑰、薰衣草、蓬莪术。

德尔教授先生金酒
DEL PROFESSORE GIN MONSIEUR
酒精浓度43.7% 意大利

2010年，杰瑞托马斯酒吧在罗马正式开张营业。彼时正是所谓的"秘密"酒吧日益火爆的时期，从纽约开始，这股风潮一路席卷了美国其他城市，甚至还传播到了大洋彼岸的英伦三岛。而托马斯品牌团队就借着这股东风，将传统的调酒理念、配方与现代概念相融合来打造金酒——这一系列产品并非是对于过往既有酒类产品的简单复刻，而是对处于遗忘边缘的一类饮品的发掘与再创作。托马斯团队选择以德尔为这一系列金酒命名——他是世界上第一位具有广泛影响力的调酒艺人。2013年，德尔教授味美思面世，不久之后又以此为基础，衍生出了德尔教授系列金酒。

这款德尔教授先生金酒是蒸馏酒和浸泡酒的混合体，酒体也因此呈现出琥珀色。前调有着一股强烈的柑橘味，随后是软化的干草本成份。味道偏干，比起德尔教授女士金酒，这款金酒中有着更丰富的杜松和更加干爽的元素（可能来自艾草和龙胆）。口感则充满了绿薄荷、甘草和花香元素，当然也少不了些许辛辣的味道。随着植物根茎的强化，口感后段又逐渐呈现出泥土和杜松的味道，最后以佛手柑精油的味道收尾。

2	**调制金菲士：**	整体呈现出一种强烈的烟熏和近乎酚醛的元素，口感也颇为诡异，充满了橡胶味。
3	**调制杜松鸡尾酒：**	与上一组合类似、也有一种颇为怪异的无烟火药的气味。整体口感偏甜。
4/4.5	**调制马丁内斯酒/赛马俱乐部鸡尾酒：**	稍显正式的一款饮品，有着看似封闭、实则更清晰的杜松元素。赛马俱乐部鸡尾酒中则有着更加丰富的龙胆和杜松元素，更接近拉斯哈努特酱料的口感。整体颇为干爽，金酒表现也很出色。

161　　**金酒面面观**

杜松、毕澄茄、小豆蔻、柠檬草、姜。

博比希丹荷式金酒
BOBBY'S SCHIEDAM JENEVER
酒精浓度38% 荷兰

2016年，紧随塞巴斯蒂安·范·博克尔（Sebastiaan va Bokkel）的步伐，博比品牌也开始在传统荷式干型金酒的基础上进行创新。这款金酒自然也不例外——在坚持荷式金酒传统的前提之下，博比希丹金酒选用了印尼产的香料，最大程度地贯彻落实了品牌创始人的理念，同时也保持了博比品牌锐意进取的精神。这款酒由赫尔曼·詹森（Herman Jansen）在位于希丹的特韦林格酒厂制造，所使用的一切原料均为有机产品。

这款金酒充分展现了博比品牌对次世代荷式金酒的独到见解。嗅感相当精妙，能让人隐约感受到一种微妙的麦芽气息（类似于阿华田）和一种温暖的、类似于酵母的香气，不免让人想起了日式的清酒。除此以外，还有一种颇为敏感的酸度。这款金酒的口感有些油润，同时又有一定的甜度，适合整瓶饮用或冰镇饮用。足量的麦芽酒带来了近似于新鲜出炉面包的烘烤香味，香料的气味也非常温和——其中的柠檬草元素最为突出。在风味逐渐转为干爽以前又加了些许小豆蔻和姜味元素的刺激。总而言之，这是一款不错的开胃酒。

3.5	**调制金菲士**：整体颇为芳香，有着淡淡的坚果味，给人一种柠檬薏米水的感觉，相比柠檬草、杜松元素显得更加保守内敛一些。建议加冰冷饮。
3.5	**调制杜松鸡尾酒**：柑橘元素带来了宜人的温润感，香料元素也得到了强化与提升，给人以一种青涩的新鲜感。注意控制甜度。
4/3.5	**调制马丁内斯酒/赛马俱乐部鸡尾酒**：以麦芽酒为坚实的基础，马丁内斯鸡尾酒充满了异国情调，整体是宜人的樱桃香气，口感相当不错。赛马俱乐部鸡尾酒的口感圆润、昂扬，前调是鲜明的果皮与姜的元素，之后很快又趋于干爽。

植物原料

杜松、茴香、姜、啤酒花、当归、甘草根、再加上一种秘密成分。
置于利木赞橡木桶和美国橡木桶中陈酿。

波尔斯谷物金酒
BOLS CORENWYN
酒精浓度38% 荷兰

谷物金酒（波尔斯是唯一获批使用这一拼写的品牌）这种荷式金酒需至少含有51%麦芽酒——实际所含比例甚至还会更高；每升还可以添加多达20克的糖。具体到波尔斯，该品牌金酒中麦芽酒的含量很高，由标准谷物配方蒸馏得来——一次柱式蒸馏器蒸馏、两次壶式蒸馏器蒸馏。然后在木桶中陈酿2～10年，给调配师提供了相当丰富的选择余地与空间。然后用杜松和植物蒸馏物完成混合。这款酒酒体色泽金黄，比同品牌的橡木桶陈酿酒款更有活力，同时也呈现出更多新鲜谷物的特征。这款金酒的植物香气非常微妙，略带绿色和柠檬味，浓郁的香气表明它一定选用了些许陈酿酒作为基酒。随着水的加入，口感变得更加芬芳复杂，让人感受到果味、柠檬、面粉和些许坚挺的质感。小茴香和芫荽等香料的混合气味直到最后才会现身。

X	调制金菲士：	木质调开始发挥作用、与柠檬元素产生了冲突与碰撞，让整体的平衡感有些失色。
5	调制杜松鸡尾酒：	苦味元素的加入带来了很大的提升：整体口感干净、轻盈，带有香料和真实的鲜活之感，是一款精致的开胃酒。
4	调制马丁内斯酒：	嗅感以草本元素和植物元素为主，味美思的存在感很强，荷式金酒本身也不甘示弱。总体具有很好的冲击力，苦甜交织的口感也十分到位，还有一定的复杂性包含其中。

植物原料

杜松。

波尔斯经典荷式金酒
BOLS GENEVER ORIGINAL
酒精浓度42% 荷兰

　　16世纪时，不少佛兰芒新教徒被迫流亡、远走他乡，博尔斯家族也在其中。1575年，博尔斯家族来到了阿姆斯特丹开始酿酒，并改名为波尔斯。1664年，彼得·波尔斯（Pieter Bols）采买了一批杜松原料——这也是该品牌购入的第一批杜松。步入17世纪后，波尔斯家族与荷兰东印度公司之间的密切联系让品牌的发展烈油着锦，一举成为香料利口酒和荷式金酒行业的大亨。1842年，时任酒厂老板的加布里埃尔·西奥杜鲁斯·范特沃特（Gabriël Theodorus van 't Wout）将配方收集起来，其著作《蒸馏酒及利口酒商手册》（*Distillers and Liqueur Makers Handbook*）现藏于波尔斯品牌的官方档案中，其中收录的一个1820年的配方就是这款金酒的蓝本。2008年问世的这款金酒其实也标志着波尔斯品牌新战略的开始——该品牌立志于让鸡尾酒重新拥抱荷式金酒的存在。这款经典荷式金酒由超过50%的麦芽酒和杜松蒸馏酒混合而成，未经任何陈酿处理。酒体清澈明亮，带有淡淡的坚果味、来自黑麦香料的花香味，还有醇厚的杜松香气和淡淡的柑橘气味，整体受植物原料的影响很小。这款金酒的口感类似于甜美的新酿威士忌，中段又有着隐约的杜松气味。整体略带油润之感，尾调中还有一种非常温和的辛辣味。

4	**调制金菲士：**荷式金酒在这一组合中扮演了重要角色，为锋芒毕露、令人震惊的司令鸡尾酒（sling）增添了一份略带草本气息的柔和感。	
4	**调制杜松鸡尾酒：**苦味将丁香般的异国情调巧妙地融入金酒本身的花香以及春天般的绿植气息中。这款鸡尾酒虽然简单，却有着颇为优秀的口感。	
3.5	**调制马丁内斯酒：**味美思在这一组合中太冲了些，所以个人建议调整到赛马俱乐部鸡尾酒的维度、从而增加了泥土元素的丰富性。味美思的存在也为这款鸡尾酒提供了必要的平衡性。	

植物原料

未标明。

波尔斯传统荷式金酒
BOLS ZEER OUDE
酒精浓度35% 荷兰

　　这款金酒名称中的"传统"一词并非是陈酿荷式金酒，而是指以经典风味的荷式金酒，从而将其与20世纪20年代开始出现的中性、更加年轻化风格的金酒区分开来。这款金酒酒体呈现出淡淡的黄色，表明这款酒曾经装过桶或者使用了焦糖化的基酒。

　　这款金酒口味清淡而甜美，带有精致的柑橘和新鲜出炉的面包的香气。整体基调是脆爽的辛辣气味，加水有助于呈现出这款金酒的全部香气，从而进一步巩固和拓展原有的风味。植物原料的香气很温和，只是在荷式金酒中，这些香气只是作为辅助性存在，并不占据绝对的主导地位。整体口感干净，有着相当的柑橘酸度，与其他丰富的元素实现了动态平衡。尾调中有大量的香料与些许浆果以及欧洲树莓的元素，最后以黑麦元素平稳收尾。总而言之，这是一款看似精致但又不失独到个性的优秀金酒。

4.5	**调制金菲士：**整体稍甜、荷式金酒与柠檬又一次形成了亲密无间的同盟。口感略有不足，但丰富的香味却弥补了这一点。如果时机恰当的话（如果你选择慢慢地品鉴一款金菲士），这款鸡尾酒甚至还会呈现出黄油和烘培用香料的味道。
3.5	**调制杜松鸡尾酒：**随着富含丁香元素的苦精加入，这款杜松鸡尾酒呈现出更多的辛辣元素，整体更趋于干爽风味，口感较好。
4	**调制马丁内斯酒：**风味鲜美，水果、香料和坚果的味道融合在一起，口感清爽，柑橘味浓郁，同时也兼具了马丁内斯酒的良好质感。

165　　金酒面面观

植物原料

杜松、橘皮。
在美国橡木桶中陈酿。

树下3年陈酿荷式金酒
BOOMPJES OLD DUTCH GENEVER, 3 YEAR OLD
酒精浓度38% 荷兰

　　荷兰现存历史第二悠久的金酒品牌，树下酒厂于165□年在希丹正式成立。该酒厂现在仍由私人经营，并致力于□产传统的荷式金酒。

　　这款经典风格的荷式金酒中含有约20%的3年陈酿麦芽□酒，经过橘子和杜松的加香处理，并在美国橡木桶中进行□陈酿。即使是含量只有20%，这款酒也依旧颇有劲道，嗅□是在柑橘和精致的杜松烘托出的温暖的烘焙糕点味，以及□许胡椒的味道。口感前调是一点梨和桃子的味道，橡木味□淡，还加入了一丝香草的气味，让酒体变得更加圆润。口□中麦芽气味占据主导，有助于充实口感，而柑橘元素则呈□出多汁感。与同品牌的希尔维斯荷兰干型金酒不同的是，□款金酒更有刺激感，随之而来的还有一种特别的醇厚和温□的质感，非常到位。

3.5	**调制金菲士：** 柠檬元素让前调显得颇为明亮，同时避免了麦芽酒的味道过度突出。整体口感富有活力，层次感略显美中不足，缺乏深度。
4	**调制杜松鸡尾酒：** 苦精在调节整款饮品的同时也带来了额外的植物性元素，整体是一款正式的鸡尾酒，杜松元素更加丰富，余味也更加干爽。
3.5	**调制马丁内斯酒/赛马俱乐部鸡尾酒：** 马丁内斯鸡尾酒有着鲜明的麦芽酒特色，此外还有些许酵母面包和清酒的味道，整体十分平衡，马拉斯加樱桃酒也增加了饮品的层次感。相形之下，调制的赛马俱乐部鸡尾酒的果味更突出，苦精则将各个要素巧妙的联系在了一起。

植物原料

杜松、芫荽籽、当归根、香草、薰衣草、甘草根。

在美国橡木桶中陈酿。

树下4年陈酿科伦金酒
BOOMPJES KORENWIJN, 4 YEAR OLD
酒精浓度42% 荷兰

树下酒厂位于谢伊河河畔，是希丹目前仅存的几家酒厂之一。19世纪末，这里的酒厂总数一度高达400余家，生产的"霍兰德"销往世界各地。如今的希丹早已是旧貌换新颜，但城市的血脉中依然流淌着酿酒元素：酒类生产已经全部转到室内进行，酿酒师约翰·德·朗格（John de Lange）精心打造出的这4款荷式金酒皆选自纯天然原料。

这款4年陈酿科伦金酒中的麦芽酒含量提高到60%（比法律规定的最低值高出9%），并使用美国橡木桶进行醇化。德·朗格认为，这款金酒乃是搭配生鲱鱼品鉴的最佳拍档。4年陈酿科伦金酒大致介于荷式金酒与威士忌之间，带有浓重的谷类（发酵面团、新鲜面包）和宜人的粉质回味。与3年陈酿荷式金酒相比（详见第166页），这款酒的植物气味更加浓郁，并带有芫荽的味道。口感则呈现出香料小面包、丁香和少许甜味。前调稍显紧绷，之后迅速放开，转变为苹果和梨子的味道。

4	**调制金菲士：** 入口是果仁味，随后柠檬的味道使其更加清新。中段口感柔软，但有一定的深度。
4.5	**调制杜松鸡尾酒：** 苦精将其带入更多的森林/木质香气，带有果皮和麦芽味。这是一款相当精致的鸡尾酒，但要注意糖分的使用，这样才能让酒的自然柔和感体现出来。
4/3.5	**调制马丁内斯酒/赛马俱乐部鸡尾酒：** 马丁内斯酒有着鲜明的酵母元素、马拉斯加樱桃酒则带来了更加灵动的口感，整体余味悠长而有层次感。赛马俱乐部鸡尾酒很好地保留了金酒本身的特征，但不如马丁内斯酒那么清晰，口感稍显厚重。

167

金酒面面观

植物原料

杜松、新鲜橘皮。

在美国橡木桶中陈酿4～5年。

树下麦芽荷式金酒
BOOMPJES MALTWINE GENEVER
酒精浓度40% 荷兰

　　随着荷式金酒销量的下滑，许多酒厂都出现了亏损。如今，不少酒厂学乖了，转而从荷兰或比利时的大型酒类企业手中采买麦芽酒作为基酒。但树下品牌依旧不改初心，始终坚持自主生产一切所需的酒类。

　　树下品牌选用的谷物配方由黑麦、麦芽和玉米组成，充分诠释了三重蒸馏麦芽酒的精髓所在。与树下3年陈酿金酒一样，这款树下麦芽金酒也有着杜松和橘子的香气。嗅感是松软的麦芽香气、令人垂涎，4到5年的酒桶陈酿也增加了酒体的柔和感。这款金酒没有什么尖锐的锋芒与棱角，首先出现的是柑橘和轻度杜松的味道，随后是苹果甜品和些许豆蔻的味道，之后嗅感变得更加复杂，呈现出包括烤面包、花生和绵羊油的味道。口感鲜活、高度复杂，以杜松为起点，得益于天鹅绒般丝滑的基酒和果味花香元素的结合，中段口感芬芳异常，之后又呈现出更多的坚果与干草味，最后以香料味收尾。

4.5	**调制金菲士：**这一组合丝毫没有减损金酒本身的复杂性。如果一定要找出差异，那就是这款鸡尾酒变得更加明亮了——这款金菲士成功地平衡了柑橘和麦芽酒元素。
5*	**调制杜松鸡尾酒：**苦味元素又一次增加了整款饮品的复杂性。如果你想细细品鉴这种微妙的变化，一定要注意少放糖、控制甜度。
5/5*	**调制马丁内斯酒/赛马俱乐部鸡尾酒：**调制出的两款鸡尾酒存在较大的差异，简直像是来自不同时代的饮品。调制的马丁内斯酒香气较厚重，发酵味明显，整体口感浓郁悠长。赛马俱乐部鸡尾酒则多了一份烟熏的质感、类似红葡萄酒，还有着近似于西洋李子的味道，整体复杂、有层次感。

植物原料

杜松、"橙苹果"（Orange-apple）、肉豆蔻、甘草根、茴香籽。

伯根荷式金酒
DE BORGEN HOLLAND GIN
酒精浓度40.8% 荷兰

伯根这个名字来源于荷兰北部格罗宁根周围的堡垒式住宅（borg）——格罗宁根也是胡格特酒厂的所在地。这种"新款"［规范表述为"荣格"（jonge）］是荷式金酒的现代版本，在荷式金酒的复苏进程中，一度被视为是邪恶的中性酒，也因此遭到人们的唾弃。许多经典荷式金酒的拥趸认为，荣格金酒的出现让传统的、富含麦芽的荷式金酒成了异端。固然许多荣格金酒与伏特加相差不多，但若是据此彻底否定这一类金酒倒也有失公允。

伯根品牌通过他们的实际行动重新定义了荣格金酒。如果说相较于干型金酒，荷式金酒与威士忌的共同点更多，那么荣格金酒与干型金酒之间的相似之处就更多了——因此，你完全可以把这款荣格金酒当作是荷式金酒的酿酒师对于伦敦干型金酒的巧妙演绎与重构，具有相当鲜明的荷兰特色。这款金酒的嗅感非常细腻，有柑橘叶子的味道，还有明亮浓郁的香气、绿色酯类水果和苹果的味道。口感也是同样的活泼和有动力，前调中的草本元素更加丰富，作为基酒的麦芽酒也带来了更柔和、更有深度的口感，茴香和豆蔻元素直到最后才姗姗来迟。这是一款相当精致巧妙的荷式金酒，可以直接拿来当做干型金酒饮用或者调酒。当然，为了保持内容的一致性，本书还是将其作为荷式金酒来调配饮品。

4	**调制金菲士：** 这一组合中含有充足的糖分与甘草，麦芽酒也让尾调更加柔和饱满。	
3.5	**调制杜松鸡尾酒：** 整体嗅感芳香，花香味明显、还有些许坚果气味。建议将甜度控制在一个较低的水平上，从而保持整体的新鲜感，避免喧宾夺主盖过杜松的风头	
4	**调制马丁内斯酒/赛马俱乐部鸡尾酒：** 调制的马丁内斯酒口感浓烈，比起荷式金酒更像是金酒，有着更丰富的水果味皮与芳香元素；调制的赛马俱乐部鸡尾酒热情依旧，口感宜人、有深度。	

金酒面面观

植物原料

包括：杜松、茴香籽、香车叶草。在欧罗索雪莉桶中陈酿1年。

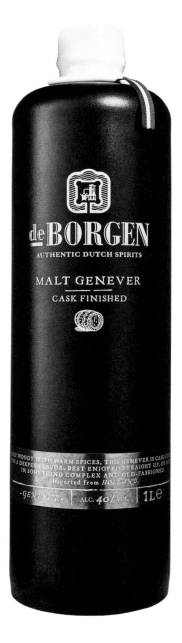

伯根过桶麦芽荷式金酒
DE BORGEN MALT GENEVER CASK FINISHED
酒精浓度40% 荷兰

　　胡戈哈特酒厂也是生产伯根荷式金酒的厂家之一。作为一家历史悠久的家族经营酒厂，胡戈哈特是少数依然秉承传统酿酒精神的酒类品牌之一。从1888年正式建厂开始，历经四代人的经营与耕耘，该品牌始终坚持传统的生产方式。而随着这款酒的推出，胡戈哈特对于荷式金酒的发展又一次做出了巨大贡献。

　　这款金酒同样由谷物配方（包含玉米、麦芽和黑麦）和一个颇为怪异的植物配方组成。毕竟，香车叶草在金酒酿造中是相当罕见。酿造完成后的酒液还需要置于欧罗索雪莉桶中进行陈酿，赋予其诱人的色泽和不俗的风味。从前调开始，整款酒的平衡感就很明显：坚果味（来自麦芽和雪利酒）让人联想到核桃和杏仁，但也有淡淡的、就像茴香一样的绿植元素，随后出现的是丰富的葡萄干香气，让人怀疑这到底是一款荷式金酒还是一款苏格兰威士忌。口感也是如此，透露出淡淡的坚果味，果干、混合果皮和宜人的饱满感紧随其后。随着口感的缓慢推进，香草、芫荽和茴香籽的气味逐渐搅拌开来，最后以温暖的太妃糖元素收尾。这与荣格金酒相差无几——比起刻意营造的差异性，好喝才是硬道理。

4	**调制金菲士：**柠檬和淡淡的橡木味混合着硬皮面包的味道，完全可以当作一款威士忌酸酒来品鉴。
5	**调制杜松鸡尾酒：**变得更加复杂、苦精为这款鸡尾酒增添了新的维度，同时有效制衡了麦芽酒。
4.5/5	**调制马丁内斯酒/赛马俱乐部鸡尾酒：**调制出的马丁内斯酒相当宜人，有着鲜明的木质调，而马拉斯加樱桃酒也很好地发挥了本职作用——增加甜度，带来灰尘感。整体口感干净、复杂，呈现出麦芽味和淡淡的坚果味。调制出的赛马俱乐部鸡尾酒则让你仿佛置身于古老的荷兰酒吧之中，周遭充满了核桃和浆果的味道。

金酒面面观

植物原料

未标明。
在美国橡木桶中陈酿。

菲利埃斯8年陈酿荷式金酒
FILLIERS OUDE GRAANJENEVER, 8 YEAR OLD
酒精浓度50% 比利时

　　菲利埃斯品牌的荷式金酒选用的谷物配方同样由黑麦、小麦和玉米组成，添加大麦芽作为酵素。虽然菲利埃斯家族对于他们的蒸馏技法与植物原料守口如瓶、严格保密，但我们还是可以从命名中推断出，这个品牌一直坚持19世纪的经典风格——即完全使用谷物酒酿造、并未使用如甜菜等基础原料酿成的酒类作为基酒。麦芽酒和杜松蒸馏酒都需要在美国橡木桶中陈酿至少8年。对于一款荷式金酒来说，这款酒的酒体虽然比较浓郁，但依旧圆润柔和，一些烘焙香料和鲜明而浓郁的麦芽酒特色让口感更加饱满，甚至有一些酵母的味道。口感表现出一如既往的丰富，前调是些许柔软的果味元素，中段则是坚韧的黑麦元素。植物成分的味道温和而轻盈，加水稀释后饮用还能感受到额外的奶油味，整体是一款出色的饮品。

3	**调制金菲士**：干净、略带酵母味，有一定的分量感，但木质调的存在引发了一定的冲突，不够和谐平衡。
3.5	**调制杜松鸡尾酒**：需要小心控制苦精的用量。草本味较重，此外还有淡淡的粉尘味。
5	**调制马丁内斯酒/赛马俱乐部鸡尾酒**：建议调制成赛马俱乐部鸡尾酒：口感深沉、宽广而丰富，给你极致的品鉴享受。

植物原料

杜松及15种保密成分。

赫索格金酒
HERZOG G.I.N.
酒精浓度40% 奥地利

西格弗里德·赫索格（Siegfried Herzog）是赫索格家族最年轻的一代。该家族庄园位于奥地利的萨尔费尔登，拥有400余年的历史，赫索格金酒也是在那里酿造的。该酒厂以其酿制的果味谷物蒸馏酒而闻名，近来也转战其他蒸馏酒领域，金酒就是其中之一。从严格意义上讲，这款金酒并非典型的荷式金酒，但在品鉴和调酒时作为荷式金酒的效果好很多，所以赫索格金酒也就自然被归类为荷式金酒了。随着金酒的定义越来越宽泛、其间囊括的种类也越来越多，这未尝不是一件好事。赫索格金酒的嗅感非常丰富，包含了陶器、劲道的植物根茎、香料、豆蔻、丁香味道，当然还有杜松的气味。这款金酒酒体饱满，有着鲜明的麦芽香味，属于典型的"霍兰德"金酒。整体口感颇为柔和，些许茴香籽和奶香包裹着杜松，香料紧随其后，最后逐渐趋于干爽，呈现出龙胆的元素。

DRY GIN
70 cl. 40% Vol.
DISTILLED IN AUSTRIA
5760 SAALFELDEN

3.5	**调制金菲士：** 依然是麦芽味的基调，但这款鸡尾酒中的丁香、茴香、柠檬元素也都有着不错的表现，整体是一款不错的短饮鸡尾酒。
3.5	**调制杜松鸡尾酒：** 麦芽酒与颇具热带风格的苦精形成了呼应，些许甜味与坚果元素的分量感相平衡。尾调呈现出淡淡的薰衣草香气。
3.5	**调制马丁内斯酒/赛马俱乐部鸡尾酒：** 口感略带麦芽味——这倒不一定是坏事，因为这种坚果元素让口感变得更加干爽而有质感。整体干净而平衡。

金酒面面观

植物原料

未标明。

诺塔利斯15年陈酿金酒

NOTARIS, 15 YRS
酒精浓度40%　荷兰

　　自1777年以来，赫尔曼·詹森酒厂（博比金酒也出自这家酒厂）一直在希丹生产经营，迄今已耕耘了整整7代。该酒厂最初由赫尔曼的曾祖父彼得·詹森（Pieter Jansen）创建。1987年，酒厂的生产线转移到了特韦林格基地。

　　这款诺塔利斯15年陈酿金酒由酿酒大师艾德·范·德·李（Ad van der Lee）精心打造，并于同年相继推出了系列酒款。这款陈酿金酒选用经过三重蒸馏的麦芽酒为基酒——基酒原料依然是玉米、大麦和黑麦。基酒酿成之后会分为4组：一组加入杜松二次蒸馏，一组加入水果和植物草本二次蒸馏，一组不做任何添加保持原样，还有一组在小型柱式蒸馏器中直接进行二次蒸馏，提升酒精浓度。诺塔利斯品牌是目前市面上仅有的两家获准使用希丹徽章的荷式金酒，其品质和历史传承可见一斑。这款酒的橡木桶风味、焦糖味突出，还有类似鞣制皮革的质感和气味，和近似肉质的回味。口感前段颇为干爽，橡木桶元素明显，不过随着口感的进一步软化，逐渐转变为奶油硬糖、肉桂皮和芫荽的味道，当然皮革味也并未就此消失。就我个人而言，这是一款最适合单独品鉴的荷式金酒。无论是纯饮、加方冰还是加水饮用，效果都是极好的。总而言之，这不只是一款与威士忌类似的金酒，而且是一款经典的高档荷式金酒。

X	调制金菲士：不推荐。	
X	调制杜松鸡尾酒：不推荐。	
X	调制马丁内斯酒/赛马俱乐部鸡尾酒：不推荐。	

　金酒面面观

杜松、布拉姆林酒花。

老达夫麦芽纯酿荷式金酒
OLD DUFF 100% MALTWINE GENEVER
酒精浓度45% 荷兰

在荷兰定居多年的爱尔兰调酒师菲利普·达夫（Philip Duff）与荷式金酒结下了不解之缘。达夫是一位著名的酒类职业培训师，在世界各地进行培训，宣讲着关于各类蒸馏酒的酿造与品鉴知识。当然，在各种蒸馏酒中，达夫最偏爱的还要数荷式金酒。在复刻人类第一款含杜松的酒精饮品过程中，他也贡献了自己的一份力。得益于他和苔丝·波塞莫斯（Tess Posthumus）等调酒师的不懈努力、还有其他专注于荷式金酒的酿酒师的坚持与信念，荷式金酒的复兴已然势不可挡。

不久前，达夫正式推出了自己的品牌。在其统筹下，由艾德·范·德·李（Ad van der Lee）在特韦林格酒厂生产，这是市面上仅有的两家获准使用希丹徽章的荷式金酒之一。这款酒的原料是三分之二的黑麦和三分之一的发芽大麦，经过5天的发酵后进行3次蒸馏，然后加入杜松和布拉姆林酒花再蒸馏。这款酒的嗅感相当丰富，包含麦芽面包、香料、青苹果、柑橘，还有略带酒花香气树脂气味。这款金酒的口感一度会给你营造出一种虚假的宁静，而就在你觉得平安无事之时，大麦、黑胡椒配合杜松和酒花的味道突然杀出，让你措手不及。

3.5	调制金菲士：嗅感丰富、有面包香气，啤酒花推动着鸡尾酒一路向前。口感略带椒盐味，整体活力十足。
4	调制杜松鸡尾酒：集麦芽酒的醇厚劲道、啤酒花的辛辣刺激与苦精的平衡和谐于一体。整体持久性良好，略显异国风情。
4/3.5	调制马丁内斯酒/赛马俱乐部鸡尾酒：风味颇佳（酒桶的醇化效果颇为惊人），杏仁粉的气味更足，味美思与金酒也形成了良好的平衡，是一款爆点来得很晚的慢饮鸡尾酒；而调制出的赛马俱乐部鸡尾酒则充分展现了金酒本身的肌肉质感，麦芽元素也在激烈地进行战斗。

杜松、芫荽籽、当归籽和当归根、鸢尾根、烤榛子、烤核桃、麦芽、西芹籽、甘草根、角豆。

鲁特老西蒙荷式金酒
RUTTE OLD SIMON GENEVER
酒精浓度35% 荷兰

鲁特老西蒙金酒是根据家族企业创始人西蒙·鲁特（Simon Rutte）的配方酿造的。这是一种未经陈酿的传统风格，由3种蒸馏酒混合而成，麦芽酒含量约为40%，采用两种不同的植物添加成份。其中一部分在锅中重新蒸馏，加入杜松、香料以及榛子和核桃。为了平衡基酒的丰富口感，还特别加入了一种由新鲜水果浸渍而成的蒸馏液。这款酒的口感深度特别适合调制那些富含味美思的鸡尾酒配方，同时在一些简单的鸡尾酒配方中也能很好地保持自身的活力。这款老西蒙荷式金酒有着坚实的麦芽酒基调，与坚果元素完美匹配。坚果带来的烘焙香气与角豆元素的存在让人感觉这款酒已经在酒桶中进行了陈酿（事实上并没有）。麦芽酒为口感加分不少，使其具有一定的劲道和肌肉感，前调为水果和坚果元素，之后是多叶草本，最后呈现出杜松味。总之是一款纯饮混饮两相宜的优秀金酒。

4	**调制金菲士：**麦芽基酒的特性在这一组合中较为突出，伴随着柠檬带来的泡沫感和些许植物草本和叶子的元素。整体口感辛辣、丰富。
4	**调制杜松鸡尾酒：**口感圆润而又不失个性，中段颇为甜美，呈现出水果和香料元素。
5/4.5	**调制马丁内斯酒/赛马俱乐部鸡尾酒：**调制出的马丁内斯酒口感丰富，如天鹅绒般丝滑，充满了西洋李子和黑樱桃的果香、还有淡淡的坚果香味，调制出的赛马俱乐部鸡尾酒则是丰富的草本/水果气味，只是后调多出了些许苦涩的味道。酒无第一，根据自己的喜好选择就行。

植物原料

杜松、芫荽籽、艾草、斯里兰卡肉桂、柠檬皮、橙叶、姜。

鲁特老汤姆荷式金酒
RUTTE OLD TOM GENEVER
酒精浓度35% 荷兰

　　第一眼看到这个标签，你一定会有些疑惑：荷式金酒司空见惯了，但这个老汤姆荷式金酒又是什么意思？是某位著名酿酒师的名字吗？酿酒大师米里亚姆·亨德里克斯（Myriam Hendrickx）根据1918年安东·鲁特（Anton Rutte）留下的一份荣格荷式金酒配方打造出了这款老汤姆荷式金酒。亨德里克斯并不能确信那时的荣格金酒是否选用了中性蒸馏酒作为基酒，而她又是一个乐于探索的酿酒师——于是顺理成章地对原配方做了改动，在植物浸渍的基酒中又加入了少量（约7%）的麦芽酒。荷式金酒与老汤姆的界限也再一次模糊了。这是一款风格偏向于荷式金酒的酒款、具备一定的荷式金酒与老汤姆金酒的特征。当然了，想要用准确的语言描述是几乎不可能的，最简单的做法莫过于亲口尝一尝。

　　这款酒的香料和果皮元素主要集中在前调。作为一款干型老汤姆金酒，鲁特老汤姆有着颇具尘土气息的草本元素（也许是含有艾草的缘故），柑橘和肉桂元素紧随其后。杜松和芫荽的气味也颇为明显，无形中强化了整款酒的表现。口感不会过于甜腻，较低的麦芽酒含量并未呈现出传统的烤面包元素，取而代之的是甜美多汁的口感和一点坚果元素的少量感，后调则呈现出苹果和橙子的味道。

3.5	**调制金菲士：**千万别把这款金酒当做是一款甜口的金酒——恰恰相反，它有着相当丰富的风味元素，所以注意控制甜度，让金酒的丰富性真正展现出来。
4	**调制杜松鸡尾酒：**口感圆润饱满，无需添加单一糖浆，你要做的就是让苦精的苦味元素充分助力，为鸡尾酒增加更多的层次感。
4/5	**调制马丁内斯酒/赛马俱乐部鸡尾酒：**调制出的马丁内斯酒口感更加丰富，橙味元素更充足扎实，中段还有草本/香料元素，避免口感变得过于暗沉；调制出的赛马俱乐部鸡尾酒则显得更加复杂，果味也更足，麦芽酒的特性似乎得到了充分体现。

金酒面面观

杜松、芫荽籽、当归籽和当归根、鸢尾根、苹果、樱桃、黑加仑。
在使用过的美国原生橡木桶中陈酿4～8年。

鲁特帕拉迪纯麦芽荷式金酒
RUTTE PARADYSWYN 100% MALTWINE GENEVER
酒精浓度38% 荷兰

老汤姆金酒在一定程度上模糊了荷式金酒与老汤姆金酒之间的界限，而这款鲁特品牌的帕拉迪金酒也有着类似的作用。这款酒展示了一款金酒如何与复杂的橡木桶陈酿酒并驾齐驱。这款酒的植物原料得以保留，而非为橡木桶的特质所掩盖，木质元素也巧妙地融入了酒中。酿酒大师米里亚姆·亨德里克斯根据约翰·鲁特（John Rutte）的一个古老配方酿制此酒，使用100%纯度的麦芽蒸馏酒和一系列植物原料（其中包含许多不常用的植物），如苹果、樱桃和黑加仑。这款酒在用过的和原始美国橡木桶中陈酿4～8年。

它的果香沾上了淡淡的马拉斯加樱桃酒的味道，随后是些许果皮元素以及近似于干草/缀花草地的气息。这款酒的口感颇为轻盈，在芫荽元素出现之前，麦芽酒增加了温暖的质感和些许轻盈的坚果杏仁气味。这款酒中的果味元素是浆果和岩石的混合体，尾调果味十足，但又不乏有温暖香料的点缀，整体是一款高度复杂的优质金酒。

5	**调制金菲士：**嗅感与玫瑰颇为相似、芳香异常。口感有着法式糕点元素和淡淡的柠檬香味，整体非常宜人。
5	**调制杜松鸡尾酒：**口感复杂，带有些许柑橘元素；随着麦芽酒的出现，口感变得更加油润饱满，尾调有着刺激的香料气味。
5*/5	**调制马丁内斯酒/赛马俱乐部鸡尾酒：**调制出的马丁内斯酒酒体饱满、复杂，堪称经典。深色水果提升了鸡尾酒的持久性；调制出的赛马俱乐部鸡尾酒更加偏向于肉桂和小豆蔻的风味，果味元素甚至也影响到了味美思的表现，呈现出玫瑰的香气。

未标明。
在橡木桶中陈酿至少1年。

范伟思纯麦芽传统荷式金酒
VAN WEES ZEER OUDE GENEVER, DUBBEL GEBEIDE
酒精浓度40% 荷兰

　　范伟思酒厂于1973年在阿姆斯特丹的贵族渠开业，同时是该公司的18种金酒（包括荷式金酒）和多达60余种利口酒的品鉴室，这些酒都是奥瓦酒厂生产的。酒厂距市区不过10分钟的车程。该酒厂成立于1782年，自称是该市曾经繁荣的酿酒业的最后一个例子。按照阿姆斯特丹的传统，范伟思从第三方蒸馏器购买麦芽酒，然后在罐式蒸馏器中用植物原料重新蒸馏。

　　这款经过酒桶陈酿的100%麦芽传统荷式金酒首先是甜香料、酵母面包，以及柑橘、肉桂类香料的优雅混合，后面还有芫荽的味道。桶中加入了淡淡的香草和一些冷黄油。口感以柠檬味为主要基调，麦芽酒增加了整体的柔软度和丰富度，而植物元素则集中出现在后调，呈现出胡椒味芫荽和柠檬的气味。而这一切又都是基于清酒而存在的。通俗的说，这款酒不是一款喧哗感的烈性蒸馏酒，而是在你耳边呢喃细语的优雅饮品。

4.5	**调制金菲士：** 口感丰富，甜味元素进一步提升了口感。整体辛辣，有刺激感，是一款优秀的司令鸡尾酒。
4	**调制杜松鸡尾酒：** 口感轻松，平易近人，整体柔和而优雅，是麦芽酒爱好者的最爱。
5/3.5	**调制马丁内斯酒/赛马俱乐部鸡尾酒：** 调制出的马丁内斯酒效果极好，集酵母味、麦芽味、坚果味和苦甜交织的味道于一身。麦芽酒纵情歌唱，味美思与金酒深情相拥，丰富了后者的维度和深度。苦精更进一步让整款鸡尾酒变得愈加穷奢极欲。整体浓郁厚重、口感丰富。

植物原料

杜松、甘草根、八角茴香。
在欧罗索雪莉桶中陈酿。

赞德麦芽荷式金酒1999年款
ZUIDAM KORENWIJN 1999
酒精浓度38% 荷兰

　　赞德品牌的一切荷式金酒产品都是以发芽大麦、玉米和黑麦为原料，经过长时间的温控发酵（如果酿造的是麦芽酒的话，发酵需要持续1周），然后在荷斯坦壶式蒸馏器中进行三重蒸馏。然后将其中一定比例的麦芽酒与植物酒再次蒸馏，再与原始蒸馏酒液、一些中性谷物酒混合，装入木桶陈酿。赞德麦芽荷式金酒有着很高的麦芽酒含量，还在两只欧罗索雪莉桶中陈酿了整整10年——对于一款金酒而言是相当难得的。长期的陈酿赋予了这款金酒经典的圣诞蛋糕香气，集淡淡的核桃、些许香草和生姜于一体。整体口感非常纯正，几乎像糖浆一样厚重，还有来自酒桶的轻度单宁感加成。尾调则呈现出无核小葡萄干和香料的味道。

X	调制金菲士：柠檬搭配雪莉酒？个人真心不推荐这个组合。
4	调制杜松鸡尾酒：雪莉桶一般对于其他元素都有着强烈的排斥，但在这一组合中，金酒本身的特性保持得很好，苦精让前调来得更加强烈。
3.5	调制马丁内斯酒/赛马俱乐部鸡尾酒：苦精的苦味元素是这款鸡尾酒的主要驱动力。似然口感略显怪异，但总体还是比较讨喜的。调制花花公子鸡尾酒的效果也还不错，纯饮效果可能会更好。

植物原料

杜松、甘草根、茴香籽（数量极少）。

赞德罗格金酒
ZUIDAM ROGGE
酒精浓度35% 荷兰

　　"罗格"一词在荷兰语中是黑麦的意思。黑麦是荷式金酒的基础谷物，也是酿造美式威士忌所需的。这让我怀疑第一批美国黑麦是否真的是荷式金酒的原料。赞德品牌使用的部分黑麦来自格罗宁根附近，那里种植的黑麦是奥托兰（又名圃鹀，是一种饱受法国老饕青睐的小型鸟类、如今已濒临灭绝）保护计划的一部分，和其他谷物一样由风车碾磨。这款酒干净利落，带有淡淡的酵母面包味道（毕竟面包烘焙和荷式金酒之间总是有着千丝万缕的联系）。经过橡木醇化后，整款酒变得愈加柔和。淡淡的香料、柠檬，还有一些干薄荷和淡淡的鼠尾草香气，让这款酒具备了真正的复杂性与潜力。适当加水湿润后甚至更加优雅大方，甜味/香料还有热乎乎的十字餐包香气扑面而来。口感干爽洁净、甚至有种爽脆感，之后转为丁香气息。加水之后酒体变得更有分量感。总之是一款优质的酒。

3.5	**调制金菲士：** 胡椒元素稍重、整体略显拘谨。总而言之是一款干净、爽脆的鸡尾酒。
5*	**调制杜松鸡尾酒：** 苦精将这款鸡尾酒提升到了一个全新的维度。著名调酒师杰里·托马斯喝了也一定会啧啧称赞。
4	**调制马丁内斯酒：** 口感干爽、辛辣，味美思中的麦芽香气隐约可感，之后在中段彻底爆发。整体颇具分量。马丁内斯酒的平衡口感也充分展现出麦芽元素的特性。

杜松、甘草根、八角茴香。
在新美国橡木桶中陈酿。

赞德3年陈酿单桶金酒
ZUIDAM SINGLE BARREL ZEER OUDE, 3 YEAR OLD
酒精浓度38% 荷兰

　　帕特里克·范·赞德（Patrick van Zuidam）选用浓稠的醪液，佐以精选的酵母进行发酵，发酵时间至少为5天。赞德品牌使用荷斯坦蒸馏器进行蒸馏，蒸馏器采用底部水浴加热法，从而杜绝任何过度灼烧与焦味。正是这样的匠心独运，赞德品牌才能酿出酒体更轻盈、香气更优雅的麦芽基酒（占到了荷式金酒的50%）。最后还要置于新的美国橡木桶中陈酿才算大功告成。新鲜橡木桶陈酿对于这款酒的嗅感有着很大提升，呈现出丰富的奶油香草/英式凝脂奶油、柔软的香蕉元素、丁香、炖梨和淡淡的浆果味。如果在不知道的情况下盲饮，你一定觉得自己在喝一款加拿大威士忌，只是后调中的些许植物香气让人有所怀疑。对于原教旨主义的荷式金酒爱好者而言，这款酒一定是很不正宗的，不过愿意打破常规、推陈出新永远是件好事。少量加水或者加方冰饮用效果更佳。

X	**调制金菲士：** 酒桶陈酿的影响相当明显，还有木质调从中作梗，不推荐尝试。	
X	**调制杜松鸡尾酒：** 和金菲士相比几无变化，因为酒桶陈酿的影响依然强烈。苦精的加入让结构感稍有改进，本质并无改变。	
X	**调制马丁内斯酒/赛马俱乐部鸡尾酒：** 和前两个组合几无差别、仿佛置身于木桶库房中。实际效果比其他两个组合略好，但也绝对称不上是一款优秀的鸡尾酒，作为荷式金酒倒还是值得一试。	

鸡尾酒

饮品世界可以一分为二：伏特加盛行之前和伏特加盛行之后。只有当你深入研究19世纪末与20世纪初的老鸡尾酒书籍时，才会了解到金酒在前伏特加时代的重要性。如果你想在饮料中使用蒸馏酒类，金酒——无论是荷式金酒、老汤姆还是干型金酒——都是你的不二选择。

　　鸡尾酒与金酒是互相成就的。不妨仔细想一想，世间还有什么酒种能给鸡尾酒带来如此优雅和丰富的香气？金酒是一切混饮的基石——马提尼和尼格罗尼可都是出自金酒的谱系！正因为如此，我很难选出其中最好、最具代表性的经典饮品。如果本书激起了你的探索欲，那么参考书目中还有许多值得一读的书，可以充分满足你的调酒欲望。

　　然而，调酒可从来不只是穷经皓首于各种配方记载之中，如今从眼花缭乱的各式现代金酒中做出选择同样不易。如果你阅读本书只是为了了解金酒的历史渊源与曲折复兴，那么接下来的部分你就可以选择跳过了。

配料表

干型金酒

干型味美思

螺旋形柠檬皮（用作点缀）

将原料加冰搅拌、滤后倒入冰镇的鸡尾酒杯中。用螺旋形柠檬皮稍作点缀即可。

延伸款

以下是一些经典的杜松马提尼延伸款：

布拉福德马提尼（BRADFORD À LA MARTINI）
½杯老汤姆金酒
½杯味美思
3或4滴橙味苦精
1个柠檬的皮
中等大小的橄榄（用作点缀）

将全部原料加冰搅拌（包括柠檬皮），滤后倒入冰镇的鸡尾酒杯中。用一颗中等大小的橄榄稍作点缀即可。

摘自1882年出版的哈利·约翰逊（Harry Johnson）所著《调酒师手册》（*Bartenders' Manual*）。

玛格丽特（THE MARGUERITE）
⅔杯普利茅斯金酒
⅓杯法国味美思
1滴橙味苦精

将全部配料加冰搅拌，滤后倒入冰镇的鸡尾酒杯中。

摘自1896年出版的托马斯·斯图亚特（Thomas Stuart）所著《花式饮品调制大全》（*Stuart's fancy Drinks and How to Mix Them*）。

马提尼
MARTINI

马提尼不只是一种简单的饮品——它是一个文化符号、一种仪式，甚至还是一把锋利的武器。19世纪80年代末，马提尼作为马丁内斯酒的延伸款开始出现，但关于这种饮品乃是何人在何时何地最初创造早已不可考。对于鸡尾酒领域的历史学专家戴维·翁德里奇（David Wondrich）而言，这款饮品的诞生伴随着无数"晦涩与矛盾"，就像伦敦公爵酒店资深侍酒师亚历山德罗·帕拉齐（Alessandro Palazzi）调出的鸡尾酒的感觉——比魔鬼还要炽烈。

起初，马提尼酒介于干型味美思和金酒（老汤姆酒被广泛使用）之间。随着鸡尾酒在20世纪的不断发展，马提尼变得愈加干爽，最终于20世纪50年代达到顶峰。正如洛威尔·艾德蒙（Lowell Edmunds）在他的权威性研究《马提尼品鉴》（*Martini Straight Up*）中指出的那样，马提尼是都市的、男性的、贵族的、商人的饮料，没有任何浪漫主义色彩，一如希区柯克影片中的那些冰山女郎一样。保罗·戴斯蒙（Paul Desmond，著名爵士乐手、萨克斯手）曾说，他希望自己演奏的乐律如一杯干型马提尼般诱人，而事实也确实如此——纯净简约、削皮见骨，且永远带着一丝空灵之感。

从20世纪60年代开始，随着伏特加的大行其道，金酒马提尼几乎被彻底遗忘。不过金酒并未就此彻底从人们的视线中消失。20世纪90年代，复兴开始了：先是以伏特加为基调，辅以各种添加物（"马提尼"在当时特指鸡尾酒中的蒸馏白酒成分）；而随着金酒的复兴，经典的杜松马提尼终于得以重出江湖（只是变得更加湿润了一些）。

当你在享用马提尼时，你会变得很唠叨，因为只有你才知道如何让它更完美——它注定是独属于你一人，能让你与众不同。没有其他任何一种鸡尾酒能做到这一点。马提尼是孤独者的特饮，因为侍酒师并不知道怎样调制，只有顾客自己才清楚自己想要的。用哪款金酒？哪款味美思？两者比例如何？螺旋形柠檬皮、橄榄、洋葱，还是适当加点盐让口味更加厚重？调酒师所要做的就是把原料准备好、静待你的指示。

鸡尾酒

配料表

30毫升金酒
....
30毫升金巴利酒
....
30毫升甜型味美思
....
螺旋形柠檬皮（用作点缀）
....

　　将原料倒入装满冰块的洛克杯中搅拌，然后用螺旋形橙皮稍作点缀即可。

延伸款

白尼格罗尼
45毫升普利茅斯金酒。
25毫升杜凌白味美思
25毫升苏兹酒
螺旋形粉红葡萄柚皮（用作点缀）

　　将原料倒入一只盛有冰块的洛克杯中、搅拌均匀，用螺旋形粉红葡萄柚皮稍作点缀即可。

　　感谢埃里克·阿尔佩林（Eric Alperin）提供了这一配方。

斯巴里亚托尼格罗尼
30毫升和博金酒
30毫升甜味美思
30毫升金巴利酒
30毫升普罗塞克酒
橙子切片（用作点缀）

　　将原料倒入一只盛有冰块的洛克杯中、搅拌均匀，用橙子切片稍作点缀即可。

　　感谢尼克·斯特兰格威（Nick Strangeway）。

　　以上两个配方均收录在盖兹·里根（Gaz Regan）的著作《尼格罗尼》（The Negroni）一书中。这位以手指搅拌尼格罗尼而闻名的调酒大师于2019年溘然长逝，坚持调制鸡尾酒就是对他最好的纪念。

尼格罗尼
NEGRONI

　　20世纪20年代，一位名叫卡米洛·尼格罗尼（Coun Camillo Negroni）的年轻伯爵在开胃酒时间走进意大利佛罗伦萨的卡索尼酒吧。在意大利，一天的某一时刻喝哪种酒颇有讲究。一杯精致可口的开胃酒不仅能起到提神开胃的作用，还能将一天的疲惫一扫而空。换言之，一款合格的开胃酒要同时兼具新鲜感、酸度和些许的苦涩感。我个人最喜欢的是米佐开胃酒——选用等量的纳尔迪尼红味美思（一种阿玛罗风格的味美思）和拉巴巴罗（一种利口酒）调制而成。这是一款非常经典的意式开胃酒，纳尔迪尼公司位于巴萨诺榨拉帕的天桥酒吧提供的就是这种饮品。言归正传，伯爵当时就想来一杯开胃酒，酒保给他端上了一杯美国佬鸡尾酒——这款饮品由等量的红马提尼和金巴利酒调制，同时还加入了额外的苏打水以提升持久性。伯爵灵光一现、想要来点更硬朗的饮品，于是就让酒保去掉了苏打水、转而加入了金酒。而这就是世界上第一杯尼格罗尼鸡尾酒。

　　对我来说，最好的尼格罗尼来自日本东京的星辰酒吧。酒吧老板岸先生（Kishi-san）同时使用冷冻、冷藏和常温保存的金酒、给人以立体的独特口感体验，效果好到不可思议。

　　纵使经典不容亵渎，但总还是可以在合理范围之内加入自己的理解——尝试使用不同品牌的味美思、不同的阿马里酒，无论是桶装陈酿还是瓶装陈酿的。当然，这一切改造的前提是永远不要偏离由金酒、味美思和金巴利酒组成的黄金三角。毕竟，这三者就像是欧洲烹饪艺术的黄金三要素（芹菜、洋葱和胡萝卜酱）一样可靠。

　　尼格罗尼从来就是一种整体大于部分的饮品。金酒带来了宜人的香气，如果你不介意仿效星辰酒吧的技法、还可以增加额外的质感，而金巴利酒则提供了苦/甜/酸/柠檬元素。味美思跨越了这两个极端，同时带来了甜味、果味、苦味、植物根茎气味和草本味。这三者的碰撞与融合能够打造出感官的莫比乌斯环，互相联系又互相对抗，让饮品的平衡成为调制成功的关键。总而言之，尼格罗尼是当之无愧的鸡尾酒之王。

鸡尾酒

鸡尾酒

配料表

50毫升老汤姆金酒或干型金酒

20毫升新鲜柠檬汁

25毫升单一糖浆或成品浓糖浆

90毫升苏打水

点缀物

橙子切片

马拉斯加樱桃

将前3种原料加冰摇匀，滤后倒入装满冰块的柯林斯杯中。加入苏打水，充分搅拌后用一片橙子和一颗马拉斯加樱桃稍作点缀即可。

单一糖浆制作法

将等量的白糖和水混合，小火加热至糖完全溶解。你可以在糖浆中加入薄荷叶、橘皮等配料来调味。当然，直接买一瓶成品浓糖浆也很方便。

约翰（汤姆）柯林斯
JOHN (TOM) COLLINS

谁知道1830年伦敦的利莫酒店是什么样子？我们只能根据里斯·豪威尔·格罗诺上尉（Captain Rees Howell Gronow）1860年写下的回忆做出判断：这家酒店乃是"伦敦最脏的旅馆"。不过，虽然利莫酒店的卫生条件不佳，但依然"生意火爆、人头攒动，有时花多少钱也买不到一张床位；这里的英式晚餐非常正宗，用餐时还可以点上一份品质上佳的波特酒或是金潘趣酒"。19世纪30年代，利莫酒店的领班约翰·柯林斯（John Collins）首创了金潘趣这种鸡尾酒，以他的名字命名的则是另一款短小精悍、供一人饮用的金菲士。这种金菲士选用老汤姆金酒调制而成，鸡尾酒历史学家戴维·翁德里奇（David Wondrich）认为这种酒与加里克俱乐部金潘趣颇为相似。这种鸡尾酒是如此受人欢迎，以至于柯林斯甚至专门写了一篇文章记述了这款酒的故事。

就像大多数的鸡尾酒一样，这款酒最初也只是一种用以解酒的甜品饮料。根据格罗诺上尉的说法，利莫酒店的"阴暗、不舒适的咖啡吧"却"时常能看到许多前来游历的王公贵族的身影"。如今甚少有人在早餐时间饮用金酒了，不过出于撰写本书的需要，我还是在早饭时喝了不少——这样的举动在上流人士眼中自然是难登大雅之堂的。

时间到了19世纪中叶，柯林斯鸡尾酒一路漂洋过海来到了美洲大陆。19世纪70年代时，这款酒的名字也不知为何发生了改变。约翰柯林斯如今成了汤姆柯林斯——也许是因为使用了老汤姆金酒的缘故，也许单纯只是以讹传讹。随着名称的变化，饮品的配方也发生了变动。约翰柯林斯最初是一种短饮、摇匀的金菲士。汤姆柯林斯选用相同的原料，但持久性有了明显的延长，并且是浇在冰块上搅拌而成的。随着时间的推移，选用的基酒也从老汤姆酒变成了干型金酒。如果你想追根溯源、调制出一款原汁原味的柯林斯，那么不妨选用老汤姆金酒或传统荷式金酒来进行调制。无论名称如何变化，它始终是一款集厚重感和丰富口感于一身的饮品。

鸡尾酒

配料表

6人份

1瓶金酒——或者也可以尝试将波多贝洛金酒和海曼海军金酒混合

1瓶玛姆齐甜葡萄酒

3颗丁香

少许新鲜的肉豆蔻碎末

2根桂皮棒

2茶匙德梅拉拉蔗糖

6条宽的螺旋形柠檬皮与橙皮

1小片橙子

3茶匙纯蜂蜜，可根据口味添加

2个柠檬榨汁，根据需要可以适当增加柠檬数量

　　将所有原料倒入锅中、盖上锅盖，小火加热约20分钟。可以尝一下味道、适当加入蜂蜜或柠檬汁进行调整。过滤后倒入碗中，温热时食用风味更佳。

延伸款

和博金潘趣

2份和博金酒

1份柠檬和塞维利亚橙

雪宝（做法详见第191页）

1份新鲜柠檬汁

1份菠萝糖浆

3份日本绿茶

2份普罗塞克酒或半干型香槟

金潘趣
GIN PUNCH

　　金潘趣的出现要稍晚一些。虽然早在18世纪30年代伦敦就有了饮热金酒的记录、但彼时的金酒还是一种质量和名声都相当低劣的饮品。没有哪个自尊自爱的潘趣酒爱好者会纡尊降贵饮用这种臭名昭著的"母亲杀手"——他们坚持非朗姆酒或白兰地潘趣不饮。然而，到了18世纪末，情况开始发生转变：随着金酒质量的不断提高，这种饮品在伦敦的前卫艺术家和作家团体中开始得到一定的认可。

　　1831年，伦敦西区的加里克俱乐部正式开张营业，作为一处旨在"促进艺术家和赞助人之间轻松交流"的地方，金酒在这里一炮而红也就是情理之中了。加里克俱乐部的经理是美国人斯蒂芬·普莱斯（Stephen Price），根据鸡尾酒历史学家戴维·翁德里奇考证，正是普莱斯首次创造性地将金酒、冰块和碳酸饮料与潘趣酒结合在了一起。

　　威廉·特灵顿（William Terrington）在其1869年出版的《冰镇美饮》中收录了8种金潘趣酒，从侧面印证了社会对于金潘趣酒认知的逐渐改善。最后也是最关键的助力来自著名作家查尔斯·狄更斯（Charles Dickens，狄更斯本人是金酒爱好者），他的诸多作品中都能见到金潘趣的身影——其中最著名的当属《圣诞颂歌》中，鲍勃·克雷奇特（Bob Cratchit）"挽起袖口……将金酒和柠檬置于壶中，一边在炉子上加热一边不停地搅拌"。诚如特灵顿所言：

　　　"……潘趣酒的制作并没有严格的规定，每个人乐于选择的比例也各不相同……关键在于，混合的各种原料应当力求团结而和谐，不需要刻意突出某一种元素。"

　　顺便一提，特灵顿最中意的金潘趣延伸款是用查特酒代替了马拉斯加樱桃酒的版本。

　　夏季是饮用金潘趣的最佳季节。当人们喝腻了各种大同小异的果味饮品和苏打水后，金潘趣自然就成了一种相当清爽宜人的饮品，这一点在冬天亦然。

鸡尾酒

柠檬和橙子雪宝配料表

4个塞维利亚橙

6个柠檬

250克砂糖

点缀物

琉璃苣花

柠檬和橙圈

菠萝条

　　柠檬-塞维利亚橙雪宝的制作步骤：将橙皮和柠檬皮磨碎，挤出300毫升的橙汁和等量的柠檬汁。将橘皮和糖混合在一起，加入柑橘汁，搅拌至糖完全溶化——必要时可以小火加热。滤去水分。

　　将前5种原料混合在一起、倒入普罗塞克酒或半干型香槟。用琉璃苣花、柠檬圈、橘子圈以及菠萝条稍作点缀即可。

　　感谢伦敦奇山酒吧的尼克·斯特兰格威（Nick Strangeway），他的灵感来自威廉·特灵顿（William Terrington）。

加里克金潘趣

8人份

1个柠檬（如有必要可适当增加柠檬数量、以榨出90毫升的果汁）。

25克砂糖

60毫升的马拉斯加樱桃酒

230毫升金酒（传统荷式金酒或老汤姆酒）

600毫升水（用以稀释饮品或制作冰块）

470毫升苏打水，冰镇

　　用削皮器或削皮刀将柠檬去皮，注意避开苦涩的白色髓部。将柠檬皮放入碗或罐中。榨取90毫升柠檬汁。

　　将糖和马拉斯加樱桃酒倒入柠檬皮中，搅拌均匀。倒入金酒、柠檬汁、水或冰块并搅拌均匀，之后加入苏打水即可饮用。

　　来自戴维·翁德里奇所著《潘趣酒》。

　　既然我们所熟知的传统圣诞节也是维多利亚时代的产物，那么用狄更斯式的热潘趣酒来庆祝圣诞也就理所应当了。试想一下，你只需要把这一大碗酒分给大家，完全不需要手忙脚乱地尝试去满足每个人的古怪要求。如果还有人抱怨，那么你大可以用费金对奥利弗的方式怼回去："闭嘴，喝你的酒！"

鸡尾酒

配料表

40毫升金酒

20毫升新鲜柠檬汁

20毫升单一糖浆或成品浓糖浆

20毫升黑莓奶油

黑莓（用作点缀）

将前三种原料加冰摇匀，滤后倒入装有碎冰的高球杯中。滴入适量黑莓奶油、用黑莓稍作点缀即可。

延伸款

对我来说，摇摆鸡尾酒是完成度更高、更复杂、更成熟的荆棘，它放大了荆棘中的酸甜元素，同时适当增加了果味的层次感。摇摆是迪克供职于伦敦苏豪区大玩家酒吧时首先创制的，以当时普利茅斯金酒的营销总监尼克·布莱克内尔（Nick Blacknell）的名字命名。布莱克平时总喜欢把腰杆挺得笔直，而这款鸡尾酒"会让他摇摇晃晃，但也不至于摔倒在地"。

摇摆鸡尾酒（THE WIBBLE）
25毫升普利茅斯金酒
25毫升普利茅斯黑刺李金酒
25毫升新鲜粉红葡萄柚汁
10毫升新鲜柠檬汁
5毫升单一糖浆或成品浓糖浆
10毫升黑莓奶油

将所有原料加冰摇匀，滤后倒入冰镇的玻璃酒杯中，加不加冰皆可。

＊可以用希普史密斯黑刺李金酒或更好的福克斯登顿西洋李金酒代替普利茅斯黑刺李金酒。

荆棘
THE BRAMBLE

人的记忆很有趣——只要有酒精饮品参与其中，记忆往往就会变得模糊不清。有多少伟大的创新与尝试就这样消失在调酒师的记忆之中？荆棘的诞生就是一例。目前我们所知的是，这款酒诞生于20世纪80年代末的某个时间点、首创于伦敦苏豪区的弗记酒吧。毫无意外，荆棘出自迪克·布莱德赛尔（Dick Bradsell）的手笔，彼时的他正供职于弗记酒吧。弗记酒吧是声名狼藉的波西米亚风格经典鸡尾酒爱好者（简称BCCL一族）经常光顾的地下场所——在当时的社会风气下，这类群体只能低调行事。

现在少有人知的是，当时只有高档酒店才能提供优质的饮品。况且BCCL一族往往衣着不整，既不打领带也不穿西装，自然也就与这些高档场所和优质饮品无缘。方法总比困难多，一些人开始充分发挥主观能动性、办起了平民酒吧，而迪克正是这一风潮的领路人。在他的职业生涯中，迪克一共创制了三款经典的现代鸡尾酒——除了荆棘，其余两款分别是浓咖啡马提尼和俄罗斯之春潘趣酒。这样的成就在整个调酒行业都是空前绝后的。

言归正传，我们将目光转回到荆棘上。我的记忆似乎告诉我，这款酒最初用的是普利茅斯金酒，但也未必一定准确……毕竟那是一段紧迫的时期。也许因为普利茅斯是我当时能接触到的金酒、也可能是我把荆棘和摇摆混为一谈了。2016年，迪克与世长辞，但他的精神遗产却伴随着这款优质的饮品一直流传下去——时至今日，我们都非常怀念他。

重点在于，这款鸡尾酒确实非常优秀。这也是它成为现代经典鸡尾酒的原因。在让人神清气爽的同时，黑莓奶油的加入让口感更加丰富饱满。小啜一口，总能让我想起那些与迪克共事的漫漫长夜、那些最好不要在公共场合讨论的琐事，还有那些发生在路易斯维尔机场的奇遇。

鸡尾酒

鸡尾酒

配料表

30毫升老汤姆金酒

15毫升马拉斯加樱桃酒

15毫升新鲜柠檬汁

7毫升比特储斯紫罗兰利口酒

将所有材料加冰摇匀，滤后倒入冰镇的马提尼杯中。

飞行家
AVIATION

如果你无意中瞥见飞行家鸡尾酒的配方，你一定会怀疑这款酒是不是调了个寂寞——配方实在是过于削皮见骨了，一如暴风雨来临前的那片死寂。从字面上看，这不过是加里克俱乐部金潘趣酒的简化版本。飞行家鸡尾酒本质上是一款金酸酒，或者也可以理解为金酒版本的弗洛里达大吉利，然而其中却潜藏着复杂特质。作为一款原料极其精简的饮品，调制的诀窍在于平衡。柠檬汁自然需要新鲜榨取的，马拉斯加樱桃酒也需要恰到好处，而选择的金酒同样要具备合适的复杂性。

不妨先从金酒入手。配方要求干型金酒即可，但我给的建议会更具体一些，例如选择像普利茅斯这样比较饱满的风格。我认为，选用老汤姆酒或荷式金酒的效果更佳，因为这两种金酒能够带来些许的甜味和深度，有助于提升整款酒的平衡感。

马拉斯加樱桃酒和金酒之间有着颇为奇妙的联系。樱桃酒曾是克罗地亚扎达尔的特产，不过二战后主要转产于意大利东北部的维内托地区。这种酒最早出现在18世纪70年代的英国，一度作为宗教饮品存在，是当时贵族的最爱。彼时，可供选择的原料种类还是相当有限的，这种酒自然也就成了各类混饮中的常客。虽然本质上是一种利口酒，但甜度是相当克制的，此外还有一种泥土的气味（与酒中含有的鸢尾和当归成分有关）和另一种深沉的果味，让人联想到玫瑰、樱桃派（略带焦糊味的糕点）、干草和蜻蜓的山道。如果不小心添加过量，这种樱桃酒会毫无疑问地据整款鸡尾酒的主导地位，但只要用量适当，它一定能让你调制出的饮品脱胎换骨。

有一点值得所有人感到高兴：作为这款饮品中的重要组分之一，紫罗兰利口酒不再像过去一样一酒难觅了，况且你只需买上一瓶就可以用上很久。紫罗兰利口酒本身是一款相当精致的饮品，当然我还是努力克制自己别喝光它。利口酒的加入让这款本来就令人兴致勃勃的饮品更上一层楼。如果你不喜欢喝维斯珀鸡尾酒，那么在伊恩·弗莱明（Ian Fleming，007系列小说作者、知名作家）的"紫色黄昏"时刻，飞行家鸡尾酒一定是你的最佳选择。

鸡尾酒

鸡尾酒

鸡尾酒

配料表

- 45毫升老汤姆金酒
- 3～4滴橙花露
- ½个柠檬榨出的汁
- ½个青柠榨出的汁
- 1个鸡蛋
- 2茶匙稀奶油
- 1茶匙冰糖
- 30毫升苏打打水

将除苏打水外的全部原料加冰摇匀（至少猛烈摇动两分钟），从而让饮品具有一定的一致性，滤酒后倒入冰镇的鸡尾酒杯中，最后倒入苏打水即可。

延伸款

查尔斯·H. 贝克（Charles H Baker）是一位生活富裕的美国业余艺术家。20世纪二三十年代，贝克尔周游列国，遍访各国的优质美食与美酒，留下的游记堪称是那个时代的鸡尾酒百科全书，集中概括了那个被遗忘的鸡尾酒年代。贝克尔创制的热带金菲士沿用了拉莫斯金菲士（Ramos）的基本配方，用菠萝糖浆代替了糖，用青柠汁代替了柠檬汁，同时还加入了作为点缀的新鲜薄荷。他在菲律宾跑完百胜滩漂流后品鉴了这款鸡尾酒："此酒如同高耸入云的岩石峡谷，其间遍布各种稀奇古怪的热带植物，还栖息着叽叽喳喳的猴子和形形色色叫不出名字的鸟类。"

拉莫斯金菲士
RAMOS GIN FIZZ

很难想象如果没有那些诞生于新奥尔良的优质饮品，世界会变成什么模样。亨利·C. 拉莫斯（Henry C Ramos，大家都叫他卡尔）于1888年搬到了有着新月城美称的新奥尔良市、在格雷维尔和卡隆德利特街角开办了著名的尊爵不凡沙龙酒吧，这家酒馆很快被《堪萨斯城星报》称为"世界上最著名的金菲士酒馆"。1907年，拉莫斯又开设了雄鹿酒馆、他最拿手的金菲士自然也没有缺席。卡尔·拉莫斯是当之无愧的金菲士之王，而他调制的金菲士其实和一般的菲士鸡尾酒也有差别——拉莫斯的金菲士更为鲜活灵动。他的做法更加费时费力，当然，根据笔者的见闻，奥尔良人有的是时间可以消磨。拉莫斯沿用了基本的菲士酒配方，并加入了奶油、蛋清和橙花水，成功让金菲士从简单的开胃提神酒变成了一种难得的奢侈享受。整个制作过程相当费时，因为这款酒的关键就在于摇酒时长的把握。

卡尔有一位摇酒"小助理"（通常是一名非裔美国人，一个酒吧老板最多可以有6个这样的帮手）。这些人的工作就是不停地摇酒。有的报道说，这些人即使打瞌睡了也不会停下手里的摇酒动作；有的则声称，一个人摇累了会把摇酒器传给下一个人，如此击鼓传花，直到最后将饮品调制成功。你可能会好奇：到底需要摇多久呢？查尔斯·H. 贝克说是1分钟，其他人众说纷纭，3分钟、5分钟，甚至更久的说法都有。但卡尔·拉莫斯本人的标准最为瞩目："一直摇一直摇，直到没有一丝气泡为止，那时的鸡尾酒酒体呈现出光滑的雪白色，如同一杯上好的牛奶。"

试想一下，让一个难缠的调酒师来调制这款饮品一定能满足你的虐待欲望。当然如果是在家调制，而你的孩子恰好年纪不大，可以尝试让他们帮你摇。总有人争论说用搅拌机来做这个也不错，我可不敢苟同——搅拌机摇酒只能算是最恶劣的欺诈行径。

鸡尾酒

配料表

30毫升金酒
....
30毫升樱桃甜酒
....
30毫升法国廊酒
....
30毫升新鲜青柠汁
....
60毫升苏打水
....
少许安高斯杜拉苦精
....

将前4种原料倒入装满冰块的玻璃酒杯中，然后搅拌，加入苏打水，最后倒入苦精。

贝克指出，"有些饮酒者往往会选择姜汁啤酒替代配方中的苏打水"。贝克建议选用2份老汤姆、1份樱桃白兰地和1份法国廊酒调制这款鸡尾酒。

延伸款

亦可参考本书206页的勃固俱乐部鸡尾酒

海峡司令鸡尾酒（THE STRAITS SLING）
60毫升金酒
15毫升樱桃白兰地
15毫升（½液量盎司）法国廊酒
½个柠檬榨出的柠檬汁
2滴橙味苦精
2滴安高斯杜拉苦精
苏打水
装饰水果可根据个人喜好自由选择

将除苏打水以外的全部原料加冰摇匀，滤后倒入冰镇的酸酒杯或香槟杯中。倒入苏打水，用喜欢的水果稍作点缀即可。

摘自泰德·海格（Ted Haigh）的《复古酒类与被遗忘的鸡尾酒》（*Vintage Spirits and Forgotten Cocktails*）一书。

新加坡司令
SINGAPORE SLING

金酒成了荷兰与英国殖民者的最爱。虽然刚刚在英国摆脱其低级的形象，但到了19世纪，金酒已然成为了英国统治过的地区在日落时分享用的理想饮品——这种习惯一直延续到20世纪，而一些酒友今天依然保持着这个习惯。

以金酒为基酒调制的饮品非常适合在闷热异常的日子里饮用——那些满头大汗、衣裳湿透的日子。夜生活才刚刚开始，炎热已经不再压抑，反而像一条丝毯般轻抚着你的每一寸肌肤。

这种饮酒方式的最伟大的记录者是查尔斯·贝克（Charles H Baker），而最能体现这种饮酒方式的是新加坡莱佛士酒店创造的金酒。对于"伟大的新加坡莱佛士金司令酒"，贝克如是评价道：

"东方的优质金司令酒当然不止一种……但莱佛士的饮品绝对是其中的佼佼者。轻手轻脚的马来男孩给我们端上了第4杯司令酒，发现我们正打量着窗外那些巫蛊——他们吹奏着令人迷惑的长笛，逗弄着危险的眼镜蛇。男孩喃喃地说道：'先生们，可别贪杯啊。'的确，新加坡金司令鸡尾酒绝对是一款美味而危险的饮品。"

问题在于如何调制。根据鸡尾酒历史学家泰德·海格（Ted Haigh）的考证，这款金司令以海峡司令酒为蓝本，提升了甜度（用樱桃白兰地取代了樱桃利口酒）、同时也适当进行了延长，于是受到了更多人的欢迎与喜爱。

一如其他著名饮品一样，金司令的发源地也曾一度沦为败坏金司令名声的老鼠屎。近些年的莱佛士新加坡司令酒也没能逃出这个怪圈。不过戴斯蒙德·佩恩（Desmond Payne，著名金酒从业者）在2015年发表的报告中指出，当地的金司令制作水平已经恢复到了一个比较高的水准。若果真如此，贝克先生一定会倍感欣慰的。

鸡尾酒

布隆克斯THE BRONX

20世纪初，纽约市曼哈顿区华尔道夫酒店的约翰尼·索隆（Johnnie Solon）首创了这款鸡尾酒配方。

60毫升金酒
....
1½茶匙甜型味美思
....
1½茶匙干型味美思
....
30毫升新鲜橙汁
....
橙味苦精（用作调味）
....
螺旋形橙皮（用作点缀）
....

将所有原料加冰摇匀，滤后倒入冰镇鸡尾酒杯中，用螺旋形橙皮稍加点缀即可。

三叶草俱乐部THE CLOVER CLUB

三叶草俱乐部鸡尾酒（见第201页图）是另一款首创于20世纪早期的混饮。因为混饮一度只是男性的专利，这款鸡尾酒被打入冷宫（和酒体的粉红色泽不无关系）。不过随着时代的变化，这款鸡尾酒又重新受到广大酒友的青睐。

40毫升金酒
....
15毫升单一糖浆（见第188页）或甜酒
....
20毫升新鲜柠檬汁
....
5毫升覆盆子糖浆
....
5毫升蛋白
....

将所有原料加冰摇匀，滤后倒入冰镇鸡尾酒杯中。

死而复生2号CORPSE REVIVER NO.2

哈里·克拉多克（Harry Craddock）在1930年出版的著作《萨沃尔鸡尾酒大全》（*The Savoy Cocktail Book*）中写道："（此种鸡尾酒）只需连续喝上4杯，死者亦可复生。"所以，品鉴之前请务必做好心理准备。

30毫升金酒
....
30毫升君度力娇酒
....
30毫升利莱白味甜美思
....
30毫升新鲜柠檬汁
....
苦艾酒（可以用来改善风味，非必须）
....

将所有原料加冰摇匀，滤后倒入冰镇鸡尾酒杯中。
摘自泰德·海格（Ted Haigh）的《复古酒类与被遗忘的鸡尾酒》（*Vintage Spirits and Forgotten Cocktails*）一书。

鸡尾酒

鸡尾酒

法兰西75号FRENCH 75

虽然诞生于新奥尔良，但这款法兰西75号鸡尾酒（见第202页图）的的确确用到了干邑（因为是以法国75毫米野战炮命名的，用上干邑也算是入乡随俗了）。不过这款鸡尾酒本质上还是一款杜松鸡尾酒。

60毫升金酒

30毫升新鲜柠檬汁

10毫升或2茶匙单一糖浆或成品浓糖浆

香槟（用来加满酒杯）

将前3种原料加冰摇匀，倒入冰镇的柯林斯杯中，最后倒入香槟酒填满整个酒杯。

福特THE FORD COCKTAIL

这是一款19世纪的经典鸡尾酒，使用老汤姆金酒调制而成，其历史最早可以追溯到1895年。

30毫升老汤姆金酒

30毫升干型味美思

3滴法国廊酒

3滴橙味苦精

螺旋形橙皮（用作点缀）

用冰块搅拌所有成分，并将其过滤到冰镇鸡尾酒杯中。用橙皮装饰。

——摘自泰德·海格的《复古酒类与被遗忘的鸡尾酒》一书。

天使之颜马提尼ANGEL FACE MARTINI

25毫升添加利10号金酒

25毫升卡尔瓦多斯（法国苹果白兰地）

25毫升杏仁利口酒

螺旋形橙皮（用作点缀）

将所有原料混合搅拌，然后倒入冰镇的酒杯中，用螺旋形橙皮稍加点缀即可。

配方来自添加利金酒全球品牌形象大使巴里·威尔逊（Barrie Wilson）。

费尔班克FAIRBANK

这款酒首次出现在1922年哈里·麦克艾霍恩（Harry MacElhone）的《鸡尾酒调制ABC》（*Harry's ABC of Mixing Cocktails*）一书中，以当红明星道格拉斯·费尔班克斯的名字命名。

50毫升金酒

20毫升干型味美思

2滴橙味苦精

2滴果核酒

樱桃（用作点缀）

在调酒杯中加冰搅拌，滤后倒入冰镇的鸡尾酒杯中，用樱桃稍作点缀即可。

摘自泰德·海格的《复古酒类与被遗忘的鸡尾酒》一书。

吉姆雷特GIMLET

看似简单、其实并不好调。务必记住这款酒（见第205页图上方）要加冰。加入等量的青柠汁和甜果汁口感更佳，加入苏打水延长亦可。

50毫升（1¾液量盎司）金酒

7.5毫升（¼液量盎司）新鲜青柠汁

7.5毫升（¼液量盎司）青柠甜果汁

青柠瓣（用作点缀）

将所有原料加冰摇匀，滤后倒入冰镇的鸡尾酒杯中，配上青柠瓣稍作点缀即可。

翻云覆雨HANKY-PANKY

这款鸡尾酒（见第205页图下方）最早由伦敦萨沃伊酒店美国酒吧的首席调酒师艾达科尔曼（Ada Coleman）在20世纪20年代创造，并以演员查尔斯·霍特瑞爵士（Sir Charles Hawtrey，与热门电影Carry On的演员并非同一人）的名字命名。

45毫升金酒

45毫升甜型味美思

2滴菲奈特布兰卡苦精

适量橙皮（饮用前加入）

将所有原料加冰搅拌，滤后倒入冰镇的鸡尾酒杯中，撒入少量橙皮即可饮用。

鸡尾酒

猴腺 MONKEY GLAND

来自巴黎达努街5号哈利纽约酒吧的一款鸡尾酒，保证让您喝了之后精神抖擞、焕然一新。

60毫升金酒
....
20毫升新鲜橙汁
....
1茶匙石榴汁糖浆
....
1茶匙苦艾酒
....

将所有原料加冰摇匀，滤后倒入冰镇的鸡尾酒杯中。

阿斯托利亚白 ASTORIA BIANCO

纽约PDT酒吧的吉姆·米汉（Jim Meehan）提供了这款酒（见第207页图），他补充说："在老汤姆金酒被重新引入美国市场之前的几年，我复活了阿斯托利亚鸡尾酒，用苦艾酒代替了干酒，味道很接近了。"

75毫升添加利伦敦干型金酒
....
30毫升马提尼白味美思
....
2滴橙味苦精
....
螺旋形橙皮（用作点缀）
....

将所有原料加冰搅拌，滤后倒入冰镇的碟形鸡尾酒杯中，用螺旋形橙皮稍加点缀即可。

勃固俱乐部 PEGU CLUB

作为殖民时期的优质饮品，勃固鸡尾酒是20世纪20年代缅甸仰光勃固俱乐部的一款热门夕暮酒。

45毫升金酒
....
15毫升君度酒
....
20毫升新鲜青柠汁
....
2滴安高斯杜拉苦精
....

将所有原料加冰摇匀，滤后倒入冰镇的鸡尾酒杯中。
摘自泰德·海格的《复古酒类与被遗忘的鸡尾酒》一书。

鸡尾酒

维斯珀THE VESPER

由伊恩弗莱明发明，在关于詹姆斯詹姆斯·邦德的第一部小说《皇家赌场》中出现过，并以邦德的枕边人、双面间谍维斯珀·林德的名字命名。原版的维斯珀鸡尾酒选用基纳利口酒调制而成，遗憾的是这款酒现在已经停产了。

90毫升金酒
....
30毫升伏特加酒
....
15毫升利莱白味美思
....
螺旋形柠檬皮（用作点缀）
....

将所有原料加冰摇匀，滤后倒入冰镇的高脚杯中，用螺旋形柠檬皮稍加点缀即可。

白领丽人WHITE LADY

这款鸡尾酒（见第209页图右侧）是哈里·麦克艾霍恩的另一款作（另见本书第204页的费尔班克）。在火热的20世纪20年代，这款首度现身于巴黎。如今，东京的高档酒吧也经常能看到这款酒的身影

40毫升金酒
....
20毫升新鲜柠檬汁
....
25毫升君度酒
....

将所有原料加冰摇匀，滤酒后倒入冰镇的鸡尾酒杯中。

20世纪鸡尾酒TWENTIETH CENTURY COCKTAIL

这款鸡尾酒（见第209页图左侧）首创于1937年，以当时往返纽约和芝加哥之间的20世纪列车命名。

45毫升金酒
....
15毫升利莱白味美思
....
15毫升白可力娇酒
....
15毫升新鲜柠檬汁
....

将所有原料加冰摇匀，滤后倒入冰镇的鸡尾酒杯中。

鸡尾酒

鸡尾酒

早餐马提尼BREAKFAST MARTINI

0毫升金酒
....
0毫升新鲜柠檬汁
....
0毫升君度酒
....
茶匙橘子酱
....
司，搭配食用
....

将所有材料加冰块摇匀，然后过滤到
镇的鸡尾酒杯中。与吐司一起食用（见
第210页图）。

配方来自伦敦花花公子俱乐部的萨尔
多·"大师"·卡拉布雷斯（Salvatore "The
Maestro" Calabrese）。

银菲士SILVER FIZZ

这款饮品最早出现于19世纪80年代的纽约或芝加哥（至今仍然争论不休），本意是作为一种晨间的提神饮品。我个人愿意为其功效担保。

50毫升金酒
....
35毫升单一糖浆或成品浓糖浆
....
25毫升新鲜柠檬汁
....
20毫升蛋白
....
60毫升苏打水
....

将前4种材料加冰用力摇匀，滤后倒入不加冰的冰镇高脚杯中，再倒入苏打水即可。

九点以后AFTER NINE

该配方来自纽约市PDT鸡尾酒吧的吉姆·米汉（Jim Meehan）。米汉的建议是："对于劳碌一天的人而言，来一杯九点以后鸡尾酒绝对是一种很好的放松方式；当然，那些终日悠游的人也可以享受这款酒的乐趣。"

30毫升猴王47黑森林干型金酒
....
240毫升新鲜冲泡的薰衣草薄荷香茶
....
15毫升玛丽莎白可可酒
....
1.5茶匙查尔特勒维特酒
....
薰衣草枝（用作点缀）
....

将原料倒入预热好的托地杯中，用一枝薰衣草稍加点缀即可。

鸡尾酒

巧克力尼格罗尼
CHOCOLATE NEGRONI

30毫升福特金酒

22毫升金巴利酒

22毫升潘托蜜红味美思

5毫升白可可力娇酒

2滴巧克力苦精

螺旋形橙皮（用作点缀）

　　将所有原料加冰摇匀，滤后倒入冰镇的鸡尾酒杯中（杯中预先放入一大块冰）。用螺旋形橙皮稍作点缀即可。

　　配方来自纽约市福克夏克酒吧的奈伦·杨（Naren Young）。

豪斯金菲士HOUSE GIN FIZZ

50毫升伦敦干型金酒

25毫升新鲜柠檬汁

10毫升特级初榨橄榄油

20毫升单一糖浆或成品浓糖浆

25毫升蛋白

少许香草盐

苏打水（用来倒满酒杯）

螺旋形柠檬皮（用作点缀）

　　将所有原料不加冰摇匀，倒入苏打水。加冰再次摇匀，滤后倒入不加冰的冰镇司令杯中。倒满苏打水，用螺旋形柠檬皮稍加点缀即可（见第213页顶部）。

　　配方来自伦敦霍克斯顿怀特利恩的瑞安·凯蒂亚瓦德娜（Ryan Chetiyawardana）。

启动START ME UP

45毫升金酒

10毫升杏仁白兰地

5毫升阿夸维特酒

5毫升单一糖浆或成品浓糖浆

20毫升桃子浸渍的柯奇美国佬酒

螺旋形柠檬皮（用作点缀）

　　将所有原料在冰上搅拌，滤后倒入冰镇的鸡尾酒杯中，用螺旋形柠檬皮稍作点缀即可（见第213页图底部）。

　　配方来自伦敦霍克斯顿怀特利恩的罗伯·利贝坎斯（Rob Libecans）。

鸡尾酒

213

鸡尾酒

鸡尾酒

茉莉花JASMINE

45毫升金酒

20毫升康皮耶三次蒸馏橙酒

15毫升金巴利酒

20毫升新鲜柠檬汁

15毫升单一糖浆或成品浓糖浆

三色堇花（用作点缀，非必要）

　　将所有原料摇匀，仔细过滤后倒入鸡尾酒杯中（见第214页图）。如果条件允许，可以用三色堇花稍加点缀（非必要）。

　　配方来自纽约市福克夏克酒吧的奈伦·杨。

抹茶（AU THÉ VERT）

50毫升添加利伦敦干型金酒

25毫升新鲜柠檬汁

20毫升橡树苔糖浆（详见下文）

1/2茶匙法国廊酒

数滴橙花水

75毫升茉莉花茶（详见下文）

时令可食用花朵——茉莉花（没有亦可，用作点缀）

制作橡树苔糖浆

50克橡木苔藓

2千克糖

1升水

制作茉莉花茶

25克散装茉莉花茶

125毫升90摄氏度的热水

125 毫升冷水

　　橡树苔糖浆制作步骤：将所有原料倒入锅中，加热至糖完全溶解。远离热源，静置浸渍1小时。使用细密滤网过滤后倒入灭菌瓶中密封保存，注明日期。置于冰箱中冷藏，最多可以保存1个月。

　　茉莉花茶制作步骤：用热水冲泡茶叶4分钟。加入冷水、迅速过滤后倒入灭菌瓶子中密封保存，注明日期。置于冰箱中冷藏，至多可以保存2天。茶叶可以冲泡2次。

　　将所有原料一起倒入冰镇的高球杯中，加入冰块，快速搅拌。用时令鲜花稍作点缀即可。

　　这款酒由奇山酒吧的斯图尔特·贝尔（Stuart Bale）为伦敦宝格丽酒店专门打造。

鸡尾酒

鱼钩、鱼线与铅坠HOOK, LINE, AND SINKER

30毫升西风弯刀金酒

40毫升瑞高罗格红味美思

2滴安高斯杜拉苦精

2滴库拉索橙汁

腌制黑樱桃（用作点缀）

将原料一起搅拌，滤后倒入冰镇的碟形鸡尾酒杯中，用腌制的黑樱桃稍加点缀即可。

配方来自悉尼布雷汀酒吧的蒂姆·菲利普斯（Tim Philips）。

老友OLD FRIEND

这是纽约PDT酒吧吉姆·米汉的又一力作（见第217页图），吉姆表示：“作为经典的老伙计鸡尾酒的远亲，这款明亮而精致的酸酒有着很多宜人的特质。”

45毫升伦敦干金酒

25毫升粉红葡萄柚汁

15毫升金巴利酒

1½茶匙圣哲曼接骨木花利口酒

螺旋形柠檬皮（用作点缀）

将原料加冰摇匀，滤后倒入冰镇的碟形鸡尾酒杯中，用螺旋形柠檬皮稍加点缀即可。

法式茴香鲜梨PASTIS IN A PEAR T

50毫升添加利伦敦干型金酒

5毫升法国茴香酒

½个新鲜的梨，去皮、去核，切块备用

15毫升新鲜柠檬汁

10毫升单一糖浆或成品浓糖浆

八角茴香（用作点缀）

将原料置于冰上摇匀、倒入冰镇的碟形鸡尾酒杯中，用八角茴香稍作点缀即可（见第217页图）。

配方来自添加利金酒全球品牌形象大使巴里·威尔逊（Barrie Wilson）。

鸡尾酒

维多利亚的召唤VICTORIA CALLING

40毫升墨尔本金酒公司（MGC）干型金酒

15毫升沙普酒庄弗洛拉菲诺雪莉酒

10毫升新鲜柠檬汁

10毫升单一糖浆或成品浓糖浆

20毫升白葡萄柚汁

小块葡萄柚皮（用作点缀）

　　将所有原料倒入鸡尾酒摇壶中摇匀，滤酒后倒入冰镇的碟形鸡尾酒杯中。用葡萄柚皮稍加点缀即可。
　　配方来自悉尼布雷汀酒吧的蒂姆·菲利普斯（Tim Philips）。

广藿香菲士PATCHOULI FIZZ

40毫升必富达伦敦花园特别款干型金酒

20毫升新鲜柠檬汁

5毫升莫雷杏仁白兰地

10毫升单一糖浆或成品浓糖浆

10毫升绿茶

2滴广藿香苦精

芬味树汤力水（用来倒满酒杯）

点缀物

柠檬圈

小罗勒

　　将汤力水以外的所有原料倒入鸡尾酒摇杯中，加冰摇匀，滤后倒入冰镇的高球杯中，最后倒入汤力水（见第219页图）。用柠檬圈和小罗勒稍加点缀即可。
　　配方来自伦敦蒙德里安酒店丹德利安的内森·奥尼尔（Nathan O'Neill）。

布谷鸟KUKU COOLER

8颗无籽黑葡萄，以及其他点缀物

40毫升添加利伦敦干型金酒

15毫升马德拉酒

15毫升新鲜青柠汁

10毫升酸葡萄汁

50毫升汤力水

青柠圈（用作点缀）

　　在鸡尾酒摇壶中放入葡萄，然后倒入汤力水以外的全部原料，摇匀。滤后倒入冰镇的高球杯中，最后倒入汤力水。用青柠圈和黑葡萄稍加点缀即可。
　　配方来自悉尼布雷汀酒吧的马特·林克莱特（Matt Linklater）。

鸡尾酒

参考书目

Anderson, Frank J. *An Illustrated History of the Herbals*. New York: Columbia University Press, 1997.

Anon. *A Dissertation on Mr Hogarth's Six Prints*. London: 1751.

Anon. *Mother Gin: A Tragi-Comical Eclogue*. London: Homer's Head, 1737. Reprinted British Library Historical Print Collections, 2011.

Baker Jr, Charles H. *Jigger, Beaker, & Glass*. Lanham, Maryland: Derrydale Press, 1992.

Barnett, Richard. *The Book of Gin*. New York: Grove Press, 2011.

Bayley, Stephen. *Gin*. Norwich: Balding & Mansell, 1994.

Beekman, E M. *Fugitive Dreams*. Amherst: The University of Massachusetts Press, 1988.

Bennett, Thea. *London Gin*. Newhaven: Golden Guides Press, 2013.

Boothby, William. *The World's Drinks and How to Mix Them*. San Francisco: 1908. Reprinted Mud Puddle Books, 2009.

Brunschwig, Hieronymus. *Liber de Arte Distillandi de Compositis*. Strasbourg: 1512. National Library of Medicine ebook.

Cademan, Thomas. *The Distiller of London*. London: Sarah Paske, 1698. Reprinted Early English Books Online (EEBO) Editions, 2011.

Cooper, Ambrose. *The Complete Distiller*. London: P Vaillant and R Griffiths, 1757. Reprinted Kessinger Publishing, 2010.

Craddock, Harry. *The Savoy Cocktail Book*. London: Constable & Company, 1930.

Curtis, Tony & Williams, David G. *An Introduction to Perfumery*, second edition. New York: Micelle Press, 2001.

DeGroff, Dale. *The Craft of the Cocktail*. London: Proof Publishing, 2003.

Dickens, Cedric. *Drinking with Dickens*. New York: New Amsterdam Books, 1980.

Dickens, Charles. *Sketches by Boz*. London: 1839. Reprinted The Penguin Group, 1995.

Difford, Simon. *Diffordsguide Gin Compendium*, second edition. London: Old Firm of Sin, 2013.

Doxat, John. *The Gin Book*. London: Quiller Press Ltd, 1989.

Duffy, Patrick Gavin & Misch, Robert J. *The Official Mixer's Manual*. New York: R Long and R R Smith, 1934. Reprinted Doubleday, 1983.

Edmunds, Lowell. *Martini, Straight Up*. Baltimore: The Johns Hopkins University Press, 1998.

Embury, David A. *The Fine Art of Mixing Drinks*, revised edition. New York: Doubleday & Company, 1958.

English, George. "Flemish Religious Emigration in the 16th and 17th Centuries". *Scotland and the Flemish People*, University of St Andrews, 2014.

Fouquet, Louis. *Bariana*. Paris: 1896. Reprinted Mixellany, 2008.

George, Dorothy. *London Life in the Eighteenth Century*. London:

Kegan Paul, Trench, Trubner and Co, 1925. Reprinted The Penguin Group, 1992.

Gesner, Conrad. *Historiae Animalium*. Zurich: 1551–8. National Library of Medicine ebook.

Grimes, William. *Straight Up or On the Rocks*. New York: North Point Press, 2001.

Gronow, Captain Rees Howell. *Reminiscences of Captain Gronow*. London: Smith, Elder, & Co, 1862. Project Gutenberg ebook.

Gwynn, Robin D. "England's 'First Refugees'". *History Today*, Vol 35, May 1985.

Haigh, Ted. *Vintage Spirits and Forgotten Cocktails*. Beverly, Massachusetts: Quarry Books, 2009.

Johnson, Harry. *The New and Improved Illustrated Bartenders' Manual*. New York: 1888. Reprinted Mixellany, 2009.

Knoll, Aaron J & Smith, David T. *The Craft of Gin*. Hayward: White Mule Press, 2013.

Lans, Nathalie. *Schiedam Builds on Jenever History*. Schiedam: TDS Drukwerken, 2000.

Loftus, William. *The New Mixing Book*. London: 1869. Reprinted Ross Bolton, 2008.

McHarry, Samuel. *The Practical Distiller*. Harrisburg: John Wyeth, 1809. Internet Archive.

Medwin, Thomas. *Conversations of Lord Byron*. London: 1824. Google Books.

Miller, Anistatia R & Brown,

Jared M. *Shaken Not Stirred*. New York: HarperCollins, 1997.

Miller, Anistatia R & Brown, Jared M. *Spiritous Journey: A History of Drink, Book One*. London: Mixellany, 2009.

Miller, Anistatia R & Brown, Jared M. *Spiritous Journey: A History of Drink, Book Two*. London: Mixellany, 2009.

Miller, Anistatia R & Brown, Jared M. *The Mixellany Guide to Vermouth & Other Apéritifs*. Cheltenham: Mixellany, 2011.

Miller, John. "Portrait of Britain: 1600". *History Today*, Vol 50, September 2000.

Milton, Giles. *Nathaniel's Nutmeg*. London: Hodder & Stoughton, 1999.

Moran, Bruce T. *Distilling Knowledge: Alchemy, Chemistry, and the Scientific Revolution*. Cambridge, Massachusetts: Harvard University Press, 2005.

Morewood, Samuel. *A Philosophical and Statistical History of the Inventions and Customs of Ancient and Modern Nations in the Manufacture and Use of Inebriating Liquors*. Dublin: W Curry and W Carson, 1838. Reprinted Kessinger Publishing, 2012.

Parkinson, John. *Theatrum Botanicum: The Theater of Plants*. London: 1640. Google Books.

Plat, Hugh. *Delightes for Ladies*. London: 1609. Celtnet.

Regan, Gary. *The Joy of Mixology*. New York: Clarkson Potter Publishers, 2003.

Regan, Gaz. *The Negroni*. Cheltenham: Mixellany, 2012.

Ricket, E & Thomas, C. *The Gentleman's Table Guide*. London: 1871. Internet Archive.

Rocco, Fiammetta. *The Miraculous Fever-Tree*. London: HarperCollins, 2004.

Schmidt, William (The Only William). *The Flowing Bowl: What and When to Drink*. New York: Charles L Webster & Co, 1892.

Schumann, Charles. *American Bar*. New York: Abbeville Press Publishers, 1995.

Sell, Charles S. *The Chemistry of Fragrances*. Cambridge: Royal Society of Chemistry, 2006.

Solmonson, Lesley Jacobs. *Gin: A Global History*. London: Reaktion Books, 2012.

Stephen, John, MD. *A Treatise on the Manufacture, Imitation, Adulteration, and Reduction of Foreign Wines, Brandies, Gins, Rums, Etc*. Philadelphia: 1860. The Online Books Page.

Stewart, Amy. *The Drunken Botanist*. Chapel Hill, North Carolina: Algonquin Books, 2013.

Stiles, Henry Reed. *A History of the City of Brooklyn*. Brooklyn: 1869.

Stuart, Thomas. *Stuart's Fancy Drinks and How to Mix Them*. New York: Excelsior Publishing House, 1896. Internet Archive.

Terrington, William. *Cooling Cups and Dainty Drinks*. London and New York: Routledge and Sons, 1869. Internet Archive.

Thomas, Jerry. *The Bar-Tender's Guide*. New York: Dick & Fitzgerald, 1876. Reprinted Angouleme, Vintagebook, 2001.

Tudge, Colin. *The Secret Life of Trees*. London: The Penguin

索引

致谢

图片出处说明

The publishers would like to thank all the distillers and their agents who have kindly provided images of their gins for inclusion in this book.

Additional credits are as follows:

Alamy Anton Havelaar 24; Bon Appetit 38; Falkenstein/Bildagentur-online Historical Collect 23; Jean-Baptiste Rabouan/Hemis 31; Jeffrey Blackler 33; Mary Evans Picture Library 21; Museum of London/Heritage Image Partnership Ltd 18; Peter Horree 13; Tom Hanley 37; courtesy **Caorunn Gin** 43; **Capreolus Distillery**/Barney Wilczak 80; **Corbis** David J Frent/David J & Janice L Frent Collection 26; courtesy of **Dave Broom** 11; **Getty Images** Brad Wenner 2; Chris Ratcliffe/Bloomberg via Getty Images 34; Florilegius/SSPL 9; Guildhall Library & Art Gallery/Heritage Images 19; Imagno 15; Topical Press Agency 27, 29; courtesy **The Hendrick's Gin Distillery Ltd** 32, 42; courtesy **Lucas Bols** bv 12; **Lussa Gin**/Susan Castillo 90; courtesy **NY Distilling Company** 30; **Shutterstock** Nicku 25; S1001 36; SidorovichV 35; **Sipsmith Independent Spirits** photo Alastair Wiper 41; **Thinkstock** iStock 55; **Wellcome Library**, London 8, 10, 16; **Zuidam Distillers** bv 44, 45.

Author photo, page 7, by **Will Robb**.

Cocktails photographed by **Cristian Barnett** for Octopus Publishing.

Making a selection of the best of the new gins was a daunting enough prospect. Getting hold of them was an equally tough task. At times like that you need friends who know more than you do. My thanks therefore to my companion in extreme lunching Dawn Davies MW who chivvied, cajoled, and sourced a huge number of them for me. Thanks also to Luke McCarthy and Caroline Childerley (www.theginqueen.com) in Australia for their top tips.

To all of the producers for agreeing to send their wares – and for sending them!

As ever, thanks go to Desmond Payne who showed me the way of gin all those years ago and who remains a fount of knowledge, freely given. At least I think it's free. To Sean Harrison for setting me on the right path in terms of distillation and Sean Phillips for ensuring I stayed there. Joanne McKerchar at Diageo Archive once again helped with historical detail, while Tess Posthumus provided invaluable insights into genever – please buy her book, on the subject, *Dutch Courage* (www.tessposthumus.com/dutchcourage).

To Nick, Walter, and Chris at Hepple for food, moorland walks and explaining weird science to me in a way I hopefully understood. Particular thanks also to distillers Myriam Hendrickx, Steven Kersley, and gin & noodle expert Alex Davies for their insights.

As ever Fever Tree came up with mixers for the sessions, my thanks to them.

To the Octopus team who once again have done a magnificent job: Denise, Emilys B and N, Jen, Juliette, Geoff Fennell. To Tom Williams my patient and chilled agent – and fellow Negroni fiend.

Once again, my wife Jo did all of the logistics, ensuring boxes were ticked, other boxes were unpacked and everything ran on schedule. I couldn't have done this without her. Thankfully she also loves gin.

While our daughter Rosie is allergic to juniper (who said there is no such thing as irony?) she can demonstrate the volatility of different botanicals through the medium of tap dance while shaking an Aviation.

Love you both.